不可思议游戏童话系列

小小微生物的奇幻之旅

[保]尼古拉·拉伊科夫／著
[保]玛雅·波切娃／绘
林宇翔／译

海天出版社
·深圳·

图书在版编目(CIP)数据

小小微生物的奇幻之旅 /（保）尼古拉 · 拉伊科夫著；（保）玛雅 · 波切娃绘；林宇翔译 . 一 深圳：海天出版社，2022.6
（不可思议游戏童话系列）
ISBN 978-7-5507-3201-8

Ⅰ . ①小 … Ⅱ . ①尼 … ②玛 … ③林 … Ⅲ . ①微生物－儿童读物 Ⅳ . ① Q939-49

中国版本图书馆 CIP 数据核字 (2021) 第 116116 号

小小微生物的奇幻之旅

XIAOXIAO WEISHENGWU DE QIHUAN ZHI LÜ

出 品 人　聂雄前
责任编辑　邱玉鑫
责任技编　陈洁霞
责任校对　张丽珠
封面设计　度桥制本 Workshop

出版发行　海天出版社
地　　址　深圳市彩田南路海天综合大厦（518033）
网　　址　www.htph.com.cn
订购电话　0755-83460239（邮购、团购）
设计制作　度桥制本 Workshop
印　　刷　深圳市新联美术印刷有限公司
开　　本　787mm × 1092mm　1/16
印　　张　4.25
字　　数　153 千
版　　次　2022 年 6 月第 1 版
印　　次　2022 年 6 月第 1 次
定　　价　48.00 元

你可能不知道，我们家里生活着各种各样的小小微生物，他们藏在扶手椅中、地毯下或灯泡里。沙发后面、玩具之间、卧室底下的世界与奇怪的大人世界完全不一样。这是一本关于这些奇特微生物的书！

而且，这不是一本普通的书，而是童话游戏书！由你决定故事的发展。你要随时写下书里面提示的字符，决定这些微生物的命运，每次冒险的内容都不一样。你准备好了吗？

扶手椅美人 菲菲

菲菲住在扶手椅里。 她长着漂亮的下巴和可爱的汗毛，喜欢唱歌、跳舞，喜欢穿红裙子，最喜欢在夜深人静时泡在桌上的水杯里洗澡。

– 如果你想更好地了解菲菲，请翻到第 1 章。

吸粉虫 滋滋

滋滋住在地板的缝隙中，藏在地毯下面。他长着长长的鼻子、毛茸茸的身体和六条腿，非常喜欢睡觉，喜欢吃大人掉下来的灰尘、碎屑和脏东西。

– 如果你希望更好地认识滋滋，请从第 2 章开始。

灯灵灵 雯雯

雯雯住在电灯泡里。她有许多五颜六色的翅膀，当她挥动它们时，她的屁股会变亮。雯雯喜欢急速飞翔，梦想着建造火箭，探索未知世界。

– 如果你对雯雯感兴趣，请从第 3 章开始。

第 1 章

有一段时间，具体无从考证，可能是五个小时以前，或是三分钟之前，有一个普通的扶手椅美人，她叫菲菲。就像所有扶手椅美人一样，她极其普通，住在扶手椅里。这是一只巨大的红色扶手椅，但我们的这位扶手椅美人不大也不红。菲菲真的不大，简直可以用微小来形容，小到可以把手指插到针眼里，可以在装着水的杯子里洗澡——她最喜欢这么干。

晚上，当大人和小小大人都睡着时，扶手椅美人醒了。她整整小褶裙，拍拍小下巴，经过重重困难，成功来到桌子上。在那里，大人和小小大人的杯子里还留着很多水，她可以整个晚上都在里面愉快地洗澡，直到天快亮才回到扶手椅里。然后，就像所有扶手椅美人一样，她把衣服展开晾干，躺下睡觉。

有一天晚上，菲菲听到一个女人对一个男人说："求你了，晚上收拾一下桌子吧。"后来，菲菲从扶手椅里出来，看到桌子上没有装着水的杯子了，桌子底下也没有水。哪里都没有！下一个晚上，再下一个晚上，再下下个晚上，再也没有装着水的杯子。真的，连水杯的影子都没有。

菲菲坐在扶手椅边上，哭了起来，她的小胡子微微动了一下。住在附近的微生物听见了她的哭声。一只吸粉虫在地毯下偷看，灯灵灵开始在台灯上扑动翅膀。

"哭什么呢？"灯灵灵雯雯问道。

"为什么哭呢？"吸粉虫滋滋问道。

菲菲吓呆了，停止哭泣。在这之前，她根本不知道周围住着这么多微生物。

"你是扶手椅美人吗？"灯灵灵问道。

"什么是扶手椅美人？"吸粉虫问道。

"那是一种奇怪的微生物，住在扶手椅里。"雯雯扑动着翅膀解释道。

"哦，哦。"滋滋明白了。灯灵灵却觉得吸粉虫没有明白，于是继续解释：

"她晚上出来活动，在杯子中残留的水里洗澡。"

"明白了。"这回滋滋真的明白了：既然需要每天洗澡，这一定是某种非常邋遢的微生物。他觉得自己就很干净，所以从来不洗澡。

"现在的问题是：杯子找不到了。"菲菲打断了他们的对话。

"灯也一直亮着。"雯雯补充道。

“最糟糕的是，”吸粉虫尖叫起来，“地毯下面的灰尘不见了！”

突然，隔壁房间传来巨响，这些微生物迅速藏了起来——灯灵灵藏到灯泡里，菲菲藏到扶手椅里，吸粉虫藏到地毯下。过了一会儿，他们又出来了。灯灵灵飞到扶手椅上，吸粉虫向上爬到扶手椅上，站到她们旁边。他们决定一起去冒险，搞清楚为什么水杯和灰尘都消失了，为什么灯一直亮着。

是时候决定我们的主人公去哪儿了。在一张纸条上写下字符“li”并选择：

- 菲菲建议穿过地毯上的丛林和灌木（请翻到第 4 章）。
- 吸粉虫建议从地毯下进入地下迷宫（请翻到第 5 章）。
- 灯灵灵建议由她带着菲菲和滋滋飞过房间（请翻到第 6 章）。

第 2 章

吸粉虫滋滋就住在地毯下面，睡在地板缝隙里。他特别喜欢用大鼻子吸灰尘。晚上，滋滋睡得很香，要睡到第二天中午才醒，这样就可以接着睡午觉了。只有一件事可以让他不睡觉，那就是吃东西。大人制造的灰尘、垃圾和面包屑都太美味了。有一次，小小大人在地板上抹了非常甜的东西，吸粉虫吃啊吃，撑得肚子鼓鼓的，然后睡啊睡，睡到了星期天！

这天晚上，长鼻子上的绒毛饿醒了，紧接着长鼻子也饿醒了，然后滋滋就醒了。他开始找灰尘，但简直不敢相信自己的眼睛，竟然什么都找不到！他无比震惊地跳了起来，继续找灰尘、垃圾，或至少一点儿面包屑。但他找不到灰尘，找不到垃圾，找不到面包屑——连影子都找不到。他甚至连小小大人从鼻子里挤出来的小球都找不到，那是多么美味的东西啊！滋滋瘫坐下来，屁股重重着地，长鼻子开始挠他——长鼻子饿的时候总是挠他。长鼻子一直挠，他把头从地毯下微微往外探。上面，在巨大的扶手椅上，有一个小东西坐在那里哭泣，流出苦涩的泪水——吸粉虫一下就知道泪水是苦涩的，因为他迫不及待地尝了一下。但是眼泪不能当饭吃啊。

“发生什么事了？”滋滋问道。

哭泣的小东西吓了一跳，不哭了。这时，另一只小东西从天花板上的灯里飞出来了。 她没有哭，只是飞来飞去。吸粉虫吓呆了，怎么有这么多邻居！他马上怀疑是她们吃光了所有的食物。

“是你们把食物吃光的吗？”滋滋问道。

“什么食物？”扶手椅上的小东西被吓一跳。

“食物吗？”电灯里出来的小东西也被吓一跳。

“你们不肯承认，是吗？”这只你们已经熟知的叫作滋滋的吸粉虫——也就是地毯小生物——很生气。

现在，我们要暂停一下，以便你们了解刚刚出现的这两个小生物，因为你们的妈妈可能说过，与陌生人讲话是不对的。你看，这个身穿红裙、坐在扶手椅上、流出苦涩泪水的小生物是扶手椅美人菲菲；而这个长着很多翅膀、戴着啤酒瓶盖做成的帽子、正在飞舞的小生物是灯灵灵雯雯。现在，你们已经认识她们了，我们可以继续讲故事了。

“灰尘消失了。”吸粉虫解释道，“灰尘消失，说明它没有了。没东西吃了。”

“装了水的杯子也消失了。”菲菲解释道。

“谁又会吃装了水的杯子呢？！”滋滋被吓了一跳。

“我不吃它们，我在里面洗澡。”扶手椅美人答道，同时示范如何洗澡。

“他们把灯一直开着，”灯灵灵说，“我不能休息。”

这时候，隔壁房间传来响声，小生物们马上藏起来。过了一会儿，这些小家伙又跑了出来。滋滋、菲菲和雯雯决定一起出发，去搞清楚装了水的杯子和灰尘到哪里去了，以及为什么灯一直亮着。

是时候决定他们该去哪里了。在纸上写下字符“xi”并选择：

-吸粉虫建议从地毯下进入地下迷宫（请翻到第5章）。

-菲菲建议穿过地毯上的丛林和灌木（请翻到第4章）。

-灯灵灵建议由她带着菲菲和滋滋飞过房间（请翻到第6章）。

第 3 章

灯灵灵雯雯有很多翅膀，一对蓝色的、两对红色的和三对绿色的。这么多翅膀，除了她之外没有谁记得到底有多少。有时候连她自己都忘了，只能重新数。她非常聪明，可以数到 100 并且倒回来数，还可以锯齿形数到 1001（锯齿形意味着跳过一些不方便读的数字）。灯灵灵的脑子转得很快，由于她的语言赶不上她的想法，所以经常发生错乱的情况。

她住在灯泡里，当有人打开开关时，她就快速挥动翅膀，然后屁股开始发光，瞬间整个房间都亮了起来。晚上，当大人关上开关时，她才可以休息，秘密策划制造火箭的计划。尽管灯灵灵会飞，但雯雯的想法飞得更快，难以赶上。所以她希望建造火箭，这样她就可以飞得非常快——咻咻——甚至飞到别的星球，那里一定生活着外星灯灵灵。她开始思考和计算，给自己戴上用啤酒瓶帽制成的头盔，然后继续画图。

但有一天晚上，大人没有关灯，小小大人也没有关（事实上，他够不着开关）。雯雯整夜挥动着翅膀，简直要累坏了，她的屁股因为过度发光而发烫，最糟糕的是——她没有时间设计火箭，即使设计小火箭也没有时间。第二天晚上，还是没人关灯。再下一个晚上，有人把灯关了，但另一个人告诉了他什么，他又把灯打开了。雯雯没有办法，只能等所有人睡着后，悄悄离开灯泡。

“不能再这样下去了！”雯雯四处张望，看到了椅背上的扶手椅美人菲菲。雯雯很聪明，知道那是扶手椅。过了一会儿，她又注意到有个家伙把头藏在地毯下，她知道那是吸粉虫。因为，正如你们所知，她非常聪明。

“已经没有装着水的杯子了！”扶手椅美人哭道。

“也没有灰尘。”吸粉虫叫着。

“所以有人取走了水，扫掉了灰尘，没有关灯——大人的手尽干坏事。”灯灵灵很快反应过来。

“什么？”扶手椅美人不明白。

“什么？”吸粉虫也不明白。

灯灵灵知道大家什么都没明白，开始慢慢解释。

“他取走了水杯，对吗？”

“对。”菲菲肯定地说。

“他扫掉了灰尘，对吗？”

“对。”滋滋肯定地说。

“这些是大人的手干的，对吗？”

“对。”菲菲和滋滋毫不犹豫地说。

“大人的手连小小的灯都关不了！”灯灵灵突然叫起来。她马上戴上头盔，立即制订行动计划，要找到让水和灰尘消失却又不关灯的罪魁祸首。

是时候决定我们的主人公该去哪里了。请在纸上写下字符“qi”并选择：

－灯灵灵建议由她带着菲菲和滋滋飞过房间（请翻到第 6 章）。

－吸粉虫建议从地毯下进入地下迷宫（请翻到第 5 章）。

－菲菲建议穿过地毯上的丛林和灌木（请翻到第 4 章）。

3厘米
不是很长
很长
看远方的镜子
这段
100000厘米
泡洋甘菊的保温杯
这段特别长
3米
3×12
0,5,08
晚一点得重新算
危险！
这是超高温火焰！

第 4 章

吸粉虫已经在地毯上等着了。扶手椅美人整了整头发，沿着扶手椅滑了下来。灯灵灵也落在他们旁边。这些小生物都准备好开始冒险之旅了。菲菲建议一起唱一支歌，来表达他们真的准备好了。灯灵灵用翅膀鼓掌；扶手椅美人拨动自己的小胡子，就像拨动吉他上的弦；吸粉虫吹响自己的长鼻子，就像在吹小号。他们唱道：

小胡子，小爪子，小尾巴，
我们是强壮的生物，
将要出发去森林，
不要阻挡我们的脚步。

没有谁会阻挡他们的脚步，他们也不是去真的森林。雯雯解释，在去冒险之前，必须做好准备——应该开始动起来，最好做做伸展动作。雯雯将菲菲和滋滋并排，向他们示范应该怎样做。大家开始动了起来。

滋滋重重地撞到地上。他不喜欢这些运动，因为他的屁股又大又肥，而鼻子又太长，经常撞来撞去，有一次甚至撞到耳朵里。

“我认为，”滋滋说，“去冒险不是去唱歌或做运动，所以不能像你这样或那样准备。因为如果准备得太多，可能最后哪儿都去不了。应该直接出发。”得出结论之后，他勇敢地跨进地毯森林。菲菲和雯雯跟了上去。

很快，红色的森林从各个方向围住了他们，我们的主人公试探着前行，但丛林越来越密，有红色的和深红色的。菲菲的裙子皱了，她很担心看上去不好看。但滋滋安慰她，她是一只扶手椅美人，只要是扶手椅美人就很美。没过多久，红色森林到头了，开始进入蓝色的灌木丛。蓝色灌木丛比红色森林更难穿越。

“我想我们迷路了。”滋滋说，“因为在红色森林之后，我们应该到达绿色丛林。但这既不是绿色的，也不是丛林。”

他们失望地坐在蓝色灌木丛里，悲伤地看着地上。

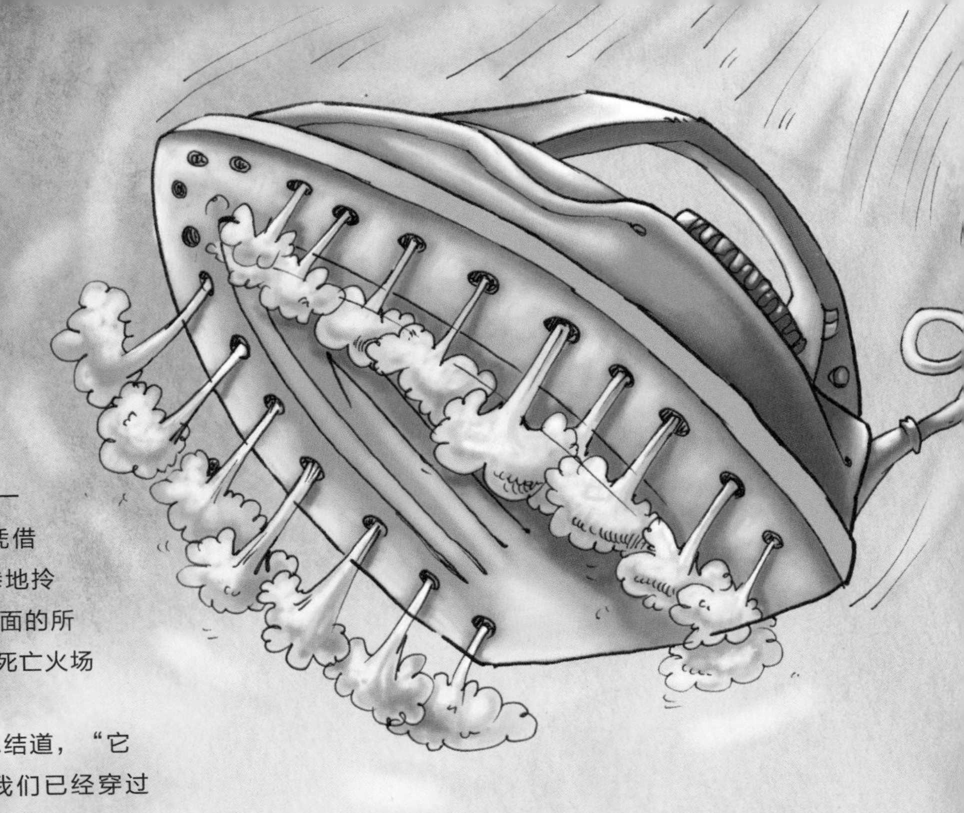

“有出路了！”菲菲突然叫起来，“我们只要到达死亡火场就可以了。”扶手椅美人开始给他们讲故事——在很久很久以前，在几小时或几分钟之前，地毯森林发生了严重灾难。一颗巨大的陨石从天而降！它发光、燃烧，重重地压折灌木，并将其烧到根部。按照一般故事情节发展，这时大人来帮忙了。凭借神奇的咒语“该死的熨斗”，她赤手空拳地拎起陨石，拯救了整个地毯森林和生活在里面的所有生物。但从那以后，再没有什么生命在死亡火场上出现。

“我们必须找到死亡火场，”菲菲总结道，“它就在森林的边缘。如果找到它，就说明我们已经穿过了地毯。”

“我会帮忙的。”雯雯喊道，然后向上发力，像火箭一样起飞，从高处俯视。

“那里没有……啊！有了！”过了一会儿，她叫了起来。这说明什么呢？这说明，往往迷路到最无助的时候，正是最接近目的地的时候。他们朝雯雯说的方向前进，到达了死亡火场，然后大胆地穿过去。他们将朝隔壁房间前进。

– 在你之前写的字符旁边，写下 “ang”并翻到第 19 章。

第 5 章

“快看啊，迷宫！”扶手椅美人叫了起来，她从来没见过迷宫。扶手椅里可没有迷宫，只有零件。

“是的，非常酷。”滋滋说道，并带她们四处转悠。“看，这是左，”他用长鼻子指了指，“这是右，”他继续指着，“这是前。”

“不，”灯灵灵说，“这边才是左边，而那边才是右边。”

“对，一直往前走就是向前。”吸粉虫解释道。

“看吧，看吧，还有一个岔路口，”扶手椅美人说，“往前，往边上走，再继续往边上走。”

“我们到底往哪边走？”雯雯问道。

“我们先分开，然后再会合吧！”滋滋提议道，“我往前，你们往别的方向走。”说着说着，吸粉虫就已经往前走了，菲菲和雯雯不知道要怎么办，两个小生物最后一起出发。扶手椅美人每遇到一个岔路口就很开心，停下来笑。

滋滋向前赶路，肥肥的屁股不断晃着。他知道这条通道通往自己的洞穴。“这些冒险很累的。”滋滋想着，“不冒险了，这样就可以像人一样睡觉——不仅像人一样，也像吸粉虫一样。”想着想着，滋滋都不清楚是怎样走进自己的洞穴的。他躺下，盖上被子，还在想着冒险，不知不觉就睡着了。他梦到自己睡着了在做梦——最奇怪的梦进入了他的梦。他看到了迷宫里有两个小生物，不管怎么绕都绕不出去。他们在木通道里，向左绕，向右绕，之后转向其他通道，向右绕，向左绕。最后他们到达了同一个左侧。这个迷宫简直无穷无尽，没有出路。两个小生物绕着绕着，进入一个洞穴，听到了打呼声，“呼——吱——”，然后“呼——吱——”。突然，吸粉虫醒了，那两个小生物是扶手椅美人和灯灵灵！他惊醒之后又陷到另一个梦里。

在另一个梦里，传来敲门声，滋滋再次醒来，再次受到惊吓，然后跳了起来，从洞里飞奔出来。菲菲和雯雯在前面等他。他愧疚地低下了头，愧疚到长鼻子抵到地面，顺便吸了两粒小灰尘。

“我们转遍了整个他，但迷宫在睡觉。”灯灵灵一生气，说话就颠三倒四的。

“是啊，一条岔路接着一条岔路。”菲菲解释道。她现在一点儿也不喜欢那些岔路了。

“非常抱歉。”滋滋向她们道歉，“但你们知道吗？我睡觉的时候会得到灵感，然后我会梦到出口！跟我来！”

于是，就这样，吸粉虫赶着向前，菲菲和雯雯跟着他。向左，向前，然后转向后面。

“看吧！”滋滋自豪地喊出来，用长鼻子指着一个线轴。

“什么？”菲菲不明白，“这是线轴，不是出口。”

“这不是线轴，这是出口。”雯雯脱口而出。

“是的！”滋滋表示同意，然后开始缠线。他解释道，当把线缠到自己身上时，线轴上的线会被拉出来跟在他们身后，这样经过的地方就会留下标记。

“如果我们看到了线，就意味着我们经过了那里！”滋滋总结道。

“我们想找到出口，而不是线。”菲菲不明白。

“对，对。”滋滋说着，已经把自己整个儿都缠起来，包括鼻子。“跟着我！”

她们跟着他。滋滋去了一些地方，然后又去了别的地方，但当他看到线时，就折回来。在线头打结和解开的过程中，她们并不明白滋滋是怎样在下一页的下一个章节中把大家带出了迷宫。

–在已经写下的字符旁边，写下“e”并翻到第 19 章。

第 6 章

大家都准备好去冒险了，但菲菲没有。菲菲说，不能穿着绿色裙子，因为这不是冒险服。灯灵灵和吸粉虫等着扶手椅美人换好红裙子——它和绿裙子一个样，只不过是红色的。雯雯和滋滋没有换衣服，因为他们不穿衣服。

“现在！”灯灵灵命令道，“吸粉虫，往左！扶手椅美人，往右！”雯雯向他们解释要如何站立。菲菲和滋滋并排站在扶手椅椅背上。但他们不知道哪边是左哪边是右，就一个站在一侧，另一个站在另一侧。灯灵灵很满意。她把他俩拎起来，起飞，以接近火箭的速度越飞越高。“飞啊！”就像曲线飞行的火箭！吸粉虫的体重相当于三个扶手椅美人，灯灵灵开始向一侧摇摆——颤抖，晃动，一度碰到桌子！

“紧急降落！”灯灵灵说道，降落得非常狼狈，简直就像在上蹿下跳。

“现在，”灯灵灵命令道，“菲菲，向右！滋滋，向左！”

吸粉虫和扶手椅美人继续那样站着，但方向相反。雯雯把他们拎起来，拎到一定高度，几乎直线飞行——也不完全是。此时，滋滋注意到一粒巨大的灰尘在他旁边飞着。如此大的灰尘，简直就是灰尘巨人！他伸长鼻子，把它吸了进去。而灯灵灵开始翻转，她向前翻了两个跟头，向后翻了一个跟头，然后放开他们。

啊——啊——啊……
啊——啊——啊……

吸粉虫撞到了遥控器上的按钮！

突然，一个巨大的可怕盒子闪现在他们面前，并且发出可怕的人类的声音：

“你确定他是杀手吗？”一个声音问道。

“对，确定！”另一个声音回答道。

小小微生物们恐惧得颤抖起来。

“他们抓到了这些声音，并且把它们塞到盒子里。”菲菲害怕地说。

“不，看啊，看啊！”滋滋用鼻子指着一个可怕的东西，“简直是把人关在里面！”

突然，盒子越来越响，照亮了周围！

“你是否头晕、头痛、流鼻涕？” 盒子用女性人类的声音开始说话。真的，灯灵灵在整个混乱飞行中感到头晕，她简直想扭曲整个世界。扶手椅美人感到头痛——她的头在紧急降落的时候撞到了。而吸粉虫——吸粉虫没有小鼻子——他的大鼻子在流鼻涕！那颗巨大的灰尘让他很恼火，灰尘卡在鼻子里，没有动，既没有往里面移动，也没有往外面移动。

滋滋打了个喷嚏，跳起来，又再次摔到按钮上！盒子睡着了！小小微生物们都停下来等待……

“天哪！” 扶手椅美人最后很开心地说，“盒子，盒子睡着了，不会再吸我们了！”

“太好了！太好了！”雯雯和滋滋也很开心。

这样，小小微生物们准备好新的飞行。只是这一次，吸粉虫既没有站在左边，也没有站在右边，正好站在中间。扶手椅美人爬到雯雯的背上，这样三只小小微生物开始顺利地飞行。往前，然后往边上，往左，之后降落到下一个章节的下一个房间里。

–在你写下的字符旁边，请写下“a”并且翻到第 19 章。

第 7 章

他们一到走廊就听见奇怪的声音，过了一会儿，声音继续清晰地传来：滴答滴答。小小微生物们都抬起头来。滴答滴答——墙上挂着一个巨大的时钟，上面吊着一只奇怪的生物——是他发出“滴答滴答”的声音。他的脑袋非常大，舌头从嘴里垂下来，向左摆，向右摆——滴答滴答。他的眼睛睁开又闭上——滴答滴答。他的耳朵也上下摆动——滴答滴答。他简直就是滴滴答答的小滴答。

“时间不见了。”小滴答说，“所有时间都不见了！”

“怎么会这样？”菲菲不明白，“时间去哪儿了？”

小滴答藏到钟里面，再次跳起来吐舌头。

“可能是被吃了？”滋滋说出了他的看法，“我的灰尘就是这样被吃掉的。我已经一无所有，现在连时间也没有了，还能有什么呢？”

“我不知道还有什么，什么都没有了。”小滴答向他们解释道，“钟变慢了！我一直在滴答滴答地走，但还是没有时间！”

雯雯转到钟的方向，上看看，下看看。

“真的没有！”她确定地说道，“没有时间。”

小滴答再次出现在时钟上，低下头，舌头伸得更向下了。

“你们可以帮我吗？”他滴答滴答地说。

“是，是，当然。”滋滋说，“时间怎么就丢了呢？让我们把它找回来。”

“不，不。”雯雯说，“是钟坏了。我们去把它修好。”

“这样可以。”菲菲说，“我觉得，我们只是要安慰小滴答，让他不要这么担心。”

- 如果你希望这些小小微生物去找回已经丢失的时间，就像滋滋说的那样，请翻到第 9 章；如果你觉得是钟坏了，请翻到第 10 章；但如果你觉得只是小滴答需要安慰，请翻到第 8 章。

第 8 章

“看看自己，小滴答，”菲菲说，“你可以不要这样吗？”

“不要怎么样？”小滴答滴答滴答地走，耳朵一动一动的。

“怎么样都不要。”菲菲说，“你别动耳朵了，别吐舌头了，别眨眼睛了。”

“如果我不这样的话，那我做什么呢？钟不走了？”小滴答问道，朝着小小微生物们的方向走下来。

“那你就会有时间做别的事了：唱歌，画画，跳舞……”

小滴答开始陷入沉思，他想得越多，就滴答得越快，简直就是一个滴答炸弹——要炸开了！

“不行。”滋滋说道。

“滴滴答答的小滴答在滴答的滴答声里滴答。”小滴答说。

“天哪，情况越来越糟了。”菲菲很担心。

“在滴滴答答声里小滴答滴了个答！”雯雯也开始了。

有两个小滑头从拖鞋中钻出来，想看看发生了什么。几只萤火虫从一个发光的荧光灯中闪出来，到处看。

“滴滴滴答答答……”

突然，小滴答的几根头发立起来，他僵住了。他不再走了。他就这样——僵硬了。

“发生什么事了？”滋滋问道。

“他出事了。”雯雯说。

菲菲靠了过去，用手指摸了摸他。小滴答没有反应。菲菲继续靠近，用双手拥抱他。

“快，快，快来啊！”她对雯雯和滋滋说。灯灵灵和吸粉虫也相继靠近并且拥抱小滴答。不久，小滴答从昏厥中醒来，开始眨眼睛。

“发生什么事了？”小滴答问道，他不明白为什么刚才停止滴答了。

“你工作得太猛了。”菲菲解释道，“如果谁过度疲劳的话，只要拥抱他就好了。”

小滴答抬起头，注意到钟已经停下来。他放松地坐下来，慢慢地睡着了。

“我们让他睡一会儿吧。”菲菲说，然后和两个同伴继续向其他房间前进。

－请翻到第 20 章。

第 9 章

大家开始寻找失去的时间，除了小滴答，因为他正忙着滴答。

雯雯绕着时钟转了很久，还飞到天花板上，但只发现几只苍蝇。

苍蝇看上去并不像是走丢的。菲菲转来转去，左看看，右看看，仔细检查。滋滋找得最卖力了——在垫子底下、柜子后面和其他所有角落，但只找到一些美味的粉尘。谁都没有找到时间。

“时间长什么样？”吸粉虫终于开口问了。

“好吧，其实我没见过他，”小滴答无奈地承认，“但人们总是指着钟喊‘看看什么时间了’。”

“什么？”滋滋没明白过来。

“什么什么？”雯雯也没明白。

“看看几点了！”一只苍蝇指着钟对另一只苍蝇说。

“对啊，20 小时和 30 小时！”另一只苍蝇回答道，然后两只苍蝇都飞走了。

“啊，这就是时间！”滋滋说，并用鼻子指着时钟上的针。雯雯飞向时钟，然后开始拉扯指针：这一个，那一个，这一个，那一个。最后两个指针都从时钟上掉了下来，钟停止转动了。小滴答转向里边，他现在可不像是小滴答，简直是小安静。

“我把时间送给你。”雯雯庄严地说，然后双手把指针递给了变成小安静的小滴答。“谢谢你们，我的朋友！”他说完，开始咬那个长的“时间”，然后咀嚼起来，“有时间真好！”

这样，我们的主人公和小滴答告别了，继续他们的冒险旅程。

－请翻到第 21 章。

第 10 章

“我现在就修好它！”雯雯说着，飞到时钟那里，钻了进去。扶手椅美人和吸粉虫扬起胡子，抬起脸。时钟里面传出“嘣！啪！哒！嘣！嘣！嘣！”的声音。然后雯雯露出了自己的小鼻子。

“你修好它了吗？”菲菲和滋滋齐声问道。

“我现在就修好它！”灯灵灵说着，再次钻进去。“嘣！啪！哒！”从里面飞出来的弹簧直接套到了吸粉虫的鼻子上。

“啊，我从什么时候就开始找这样的鼻子造型……”滋滋说。

“从什么时候？”菲菲并不明白。

“从很久之前。”滋滋解释道。他把鼻子套在弹簧里，展示给菲菲看。

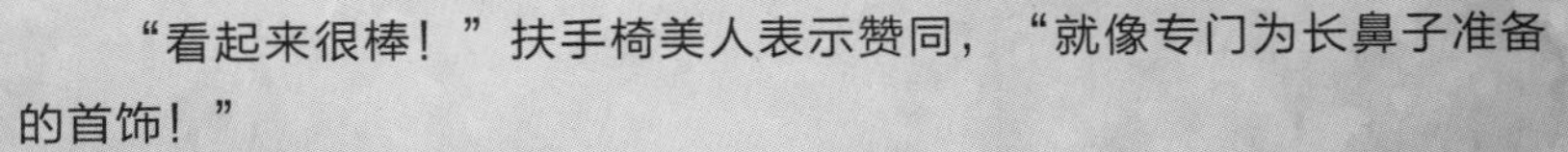

“看起来很棒！”扶手椅美人表示赞同，“就像专门为长鼻子准备的首饰！”

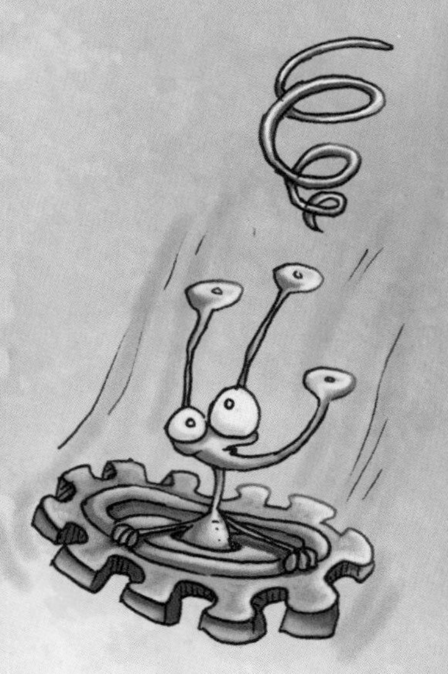

“啪！咚！咚！”时钟内部传出声音。啪！一个小齿轮飞过来，正好落在菲菲面前。她把它别在裙子上，就像一枚胸针。雯雯从时钟里探出头来：

“我们转了电池，时间也会跟着转过来！”雯雯开始说：“一！二！”然后她就把电池拿出来，重新装上去。钟停了。一切都安静下来。小滴答从里面冒出来。他已经不叫小滴答了，应该换一个名字。

“时间停了！”已经不是小滴答的小滴答很高兴。

“雯雯你太棒了！太棒了！”吸粉虫和扶手椅美人叫了起来。

“我太棒了！”雯雯也很开心。

很快，我们的朋友们和时钟里的奇怪的生物告别了，并继续他们的冒险之旅。

–请翻到第 21 章。

第 11 章

雯雯、菲菲和滋滋来到走廊。走廊很长，真的太长了，就像没有尽头。滋滋绕着巨大的鞋子打滚——运动鞋、拖鞋和凉鞋。菲菲紧随其后。雯雯飞到他们面前。突然，远方传来奇怪的声音——撕裂声、敲门声、咯吱声。那里矗立着巨大的老旧炉子大厦。滋滋慢慢移过去，透过墙上的一条缝隙，看到灰泥砖、小走廊、梯子和房间。里面有一个小矮人在偷看。

“迪奥拉。”他用某种奇怪的语言说道。他从缝隙中偷看，一身红色——红帽子、红披风——“为您服务！”

吸粉虫、扶手椅美人和灯灵灵仔细地四处观察，但他们周围没有任何服务，只有他们自己。嘶！一架绳梯从炉子上降下来。另一个戴着红帽子的小矮人开始和他们讲自己的语言。

“迪奥拉，卡尔纳，阿里亚！”一个小矮人说。

“迪奥拉，纳尔纳，纳尼亚。”另一个小矮人回答道，并转过头来。

“部落的长老想和你们谈谈，”他宣布，“但是有一个小问题。”

“是一个大问题。”有一个小矮人纠正道，并指指滋滋的屁股，“你无法通过缝隙。”

这个时候，绳梯和航空母舰从各个地方降落下来。线轴和长线开始转动。木梁抬起，新的通道打开了。部落的长老们来了，靠着栏杆缓缓前行。穿着深红色的衣服的他们缓缓滑落。

“迪奥拉，欢迎光临！”长老说。滋滋、雯雯和菲菲整了整衣角，端正站姿，露出满意的神情。

“很久很久以前，”长老靠在自己的牙签上，开始讲故事，“有一个部落，掌握着隐火的秘密。他们是大建筑家，知道火和石的神奇之处。有一天，蓄热部落被人类选去建造最伟大的创造——蓄热电锅炉。部落开始工作了——敲打、修筑、打磨、建造。他们把火之力密封在石头里，建成了最伟大的杰作——蓄热电锅炉！人类很满意，也很高兴。但是过了很久，有几个世纪吧，人类忘记了炉子的事，火的秘密几乎失传了。”

“我们当中幸存下来的很少。”最后，长老总结道，“我们无能为力了。是时候该做点什么了！”

“我有个想法！”菲菲微笑道。

“我也有个想法！”滋滋喊了出来。

“还有我的想法呢！”雯雯说道。

你想听谁的想法呢?

–菲菲的（请翻到第 12 章），滋滋的（请翻到第 13 章），还是雯雯的（请翻到第 14 章）？

第 12 章

听完长老的故事后，小矮人们很难过，坐着不说话。菲菲朝炉子方向走去。她喜欢小矮人们和他们的衣服。“多好的颜色！”扶手椅美人暗自想着，“就像我裙子的颜色一样。但还是有点儿奇怪：哪里见过有带帽子的连衣裙呢？”

“我有一个想法！”扶手椅美人对他们说。小矮人们的注意力立刻被吸引了。她指着炉子的尾巴说：

“我看到过人类把这些尾巴塞进那种专门的尾巴洞里。我刚好看到这里有合适的洞。”

“但是，迪奥拉，”长老说，“这有什么意义呢？”

“我不知道，”菲菲承认道，“但去试试没什么不好的。”

“啊！我不去！”滋滋说，“这些尾巴和洞，还有其他类似的东西，我一点儿也不喜欢。而且，这还让我想起了吸尘器的故事。”

“好，随你吧，”菲菲说，“我自己一个人也可以！”

“我会帮你的！”雯雯说着，飞到她身边。两只小生物来到长相奇特的尾巴末端，仔细打量。滋滋从远处观察着。这两只小生物使出了吃奶的力气，但是尾巴几乎没有动。“阿尔法，迪奥拉！”炉子叫了起来。“做得真棒，迪奥拉！”其他小矮人回应道。有一些受过特殊训练的小矮人沿绳梯下来了，穿过炉子的缝隙。他们追上了菲菲和雯雯，并尝试帮助她们。一点儿，一点儿，他们开始移动尾巴。

“迪奥拉，我们正在靠近目标！”小矮人们说。

但这是一条很重的尾巴和一个很遥远的洞。在成功到达洞口之前，所有生物都累了，坐下来休息，相互做着鬼脸，但还是筋疲力尽。

“好哇，好，”滋滋说，“让我来帮你们，但你们得知道，我一点儿也不喜欢尾巴的故事。”

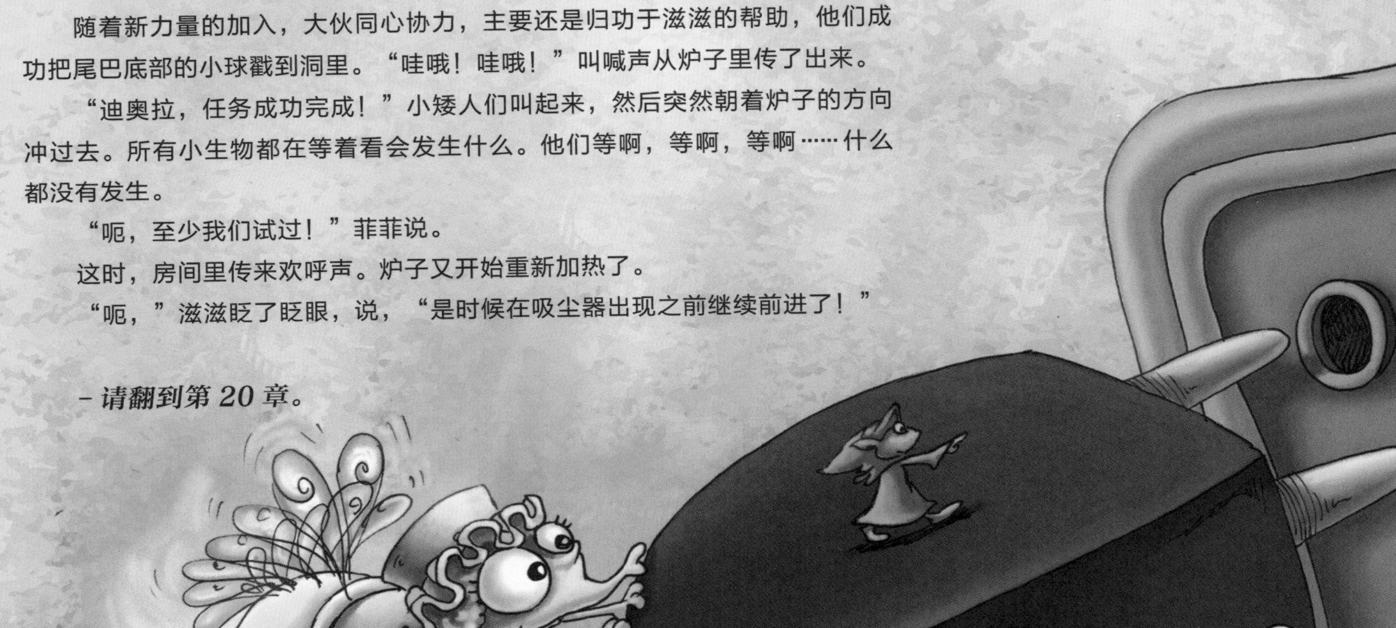

随着新力量的加入，大伙同心协力，主要还是归功于滋滋的帮助，他们成功把尾巴底部的小球戳到洞里。“哇哦！哇哦！”叫喊声从炉子里传了出来。

“迪奥拉，任务成功完成！”小矮人们叫起来，然后突然朝着炉子的方向冲过去。所有小生物都在等着看会发生什么。他们等啊，等啊，等啊……什么都没有发生。

“呃，至少我们试过！”菲菲说。

这时，房间里传来欢呼声。炉子又开始重新加热了。

“呃，”滋滋眨了眨眼，说，“是时候在吸尘器出现之前继续前进了！”

–请翻到第 20 章。

第 13 章

“我不能进去。”滋滋瞅着自己的屁股说道，“但是你们可以出来。”小矮人们听到这话，一下子精神起来，开始小声议论，还有几个脑袋从缝隙中探出来四处张望。

“为什么我们要出来呢，迪奥拉？”小脑袋们齐声问道。

“这个，你们的炉子，”滋滋解释道，并且挥了挥鼻子，“可以蓄热放热，非常好。但是小矮人们已经不用它了，是吗？”

“是这样的。”所有小矮人都同意道。

“这意味着现在是时候离开炉子了，去创造一些新的东西，对吧？”

吸粉虫的话让很多小矮人都异常激动。他们开始窃窃私语，相互争论——于是造成了无法想象的混乱。你是不是一下子觉得很奇怪，这些小生物是怎样发出这么大的噪声的！这个时候，一条老旧的通道里出现一个驼背的小矮人。他靠在一根折断了的牙签上。他的衣服非常红，是所有小矮人中最深的红。小矮人们都安静下来，为他让路。他向裂缝靠近，把自己的手伸到里面，抚摸着吸粉虫的鼻子。

“我们都知道，”驼背小矮人说，“但我们一直害怕将它说出来。”

他转向其他小矮人：

“准备离开！”

喧闹声又响起——争吵，收拾行李，下命令。

他们开启秘密之门和隐藏通道。电梯和楼梯开始降落，有几个小矮人在附近到处乱转。

“但是我们要怎样出去呢？”他们问道。

滋滋走过来，把鼻子塞到最大的裂缝里。

“这就是你们的滑梯。”吸粉虫说着，满意地笑了。

很快，小矮人和小小矮人开始沿着鼻子下滑。

突然，滋滋开始大笑，笑着，笑着，然后……

“哦，哦，我受不了了。快给我抓抓痒。”他叫起来。

雯雯和菲菲飞奔过来帮忙。扶手椅美人将小矮人们从滋滋的鼻子上取下来，而雯雯举起稍大一些的小矮人，并把他们放到地上。他们提着行李，推着小推车，排成一列。滋滋还是觉得很痒，一直到小矮人们离开鼻子很久之后，他还一直笑啊，笑啊。

“呃……”他最后说，“我觉得，是时候继续我们的冒险了。”

-请翻到第 21 章。

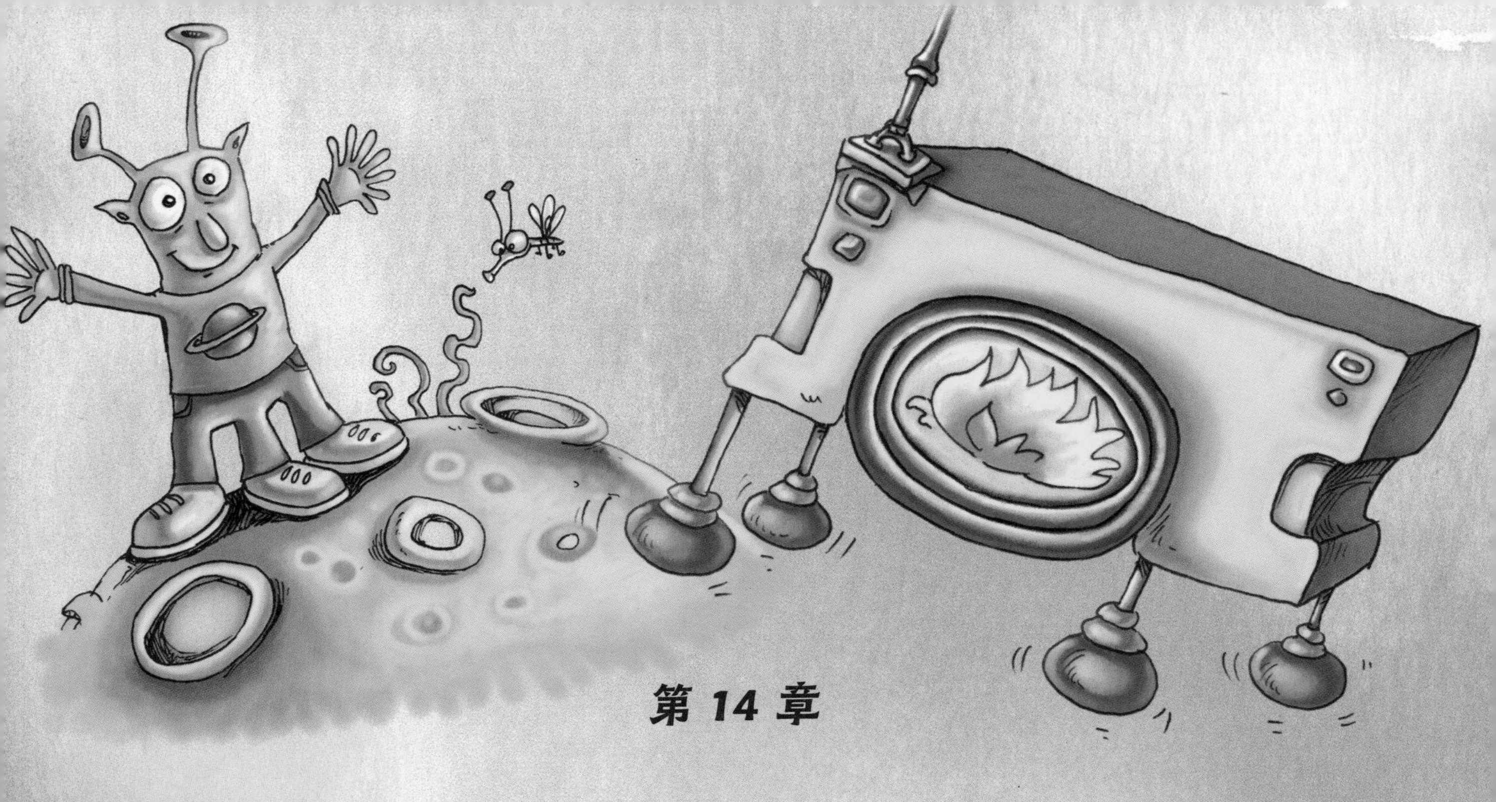

第 14 章

“你们要教我火的秘密。”雯雯说。

“但为什么，迪奥拉，”长老们不能理解，“为什么是你呢？”

灯灵灵立刻向他们解释，在了解火的秘密后，她可以建造火箭，会产生很多火，然后飞向宇宙。

“你飞去宇宙的时候，也会带上我们，是吗？”菲菲整了整自己的小裙子询问道。

“你在起飞之前必须带上我们，”滋滋解释说，“因为如果你在起飞之后才想到带上我们，那就带不了了。”

“但是，迪奥拉，这是为什么呢？”长老们还是没明白过来。

“当我飞到宇宙中去，我会去另一个星球，”雯雯解释道，“而其他星球上会有地外灯灵灵、地外人类和地外炉子！”

“啊哈，”长老们终于明白了，并且很高兴。他们相互轻声讨论。地外蓄热电锅炉的消息很快就传开了。小矮人们从四面八方聚集过来。地洞打开，绳梯开始降落。很快，所有地洞都集满了部落里的小生物。

“有地外吸粉虫吗？”滋滋哀伤地问道。

“哦，宇宙里肯定都是吸粉虫，”菲菲安慰道，“因为那里有很多宇宙尘埃。”

这个时候，炉子深处又出来一个小矮人。他驼着背，靠在折断了的牙签上。他的衣服非常红，是最深的红色。驼背小矮人走近裂缝，呼唤雯雯，并递给她一张焚烧过的纸。

“但是，但是，这张图纸太小了，只适用于小火，”雯雯很惊奇，“所以我只能建造小火箭。”

“哦，迪奥拉，”驼背小矮人说着，摘下来帽子，“只要您精心照料，小火可以变成大火。”

雯雯想着想着，高兴极了。她向部落承诺，会造出一架大火箭，然后过来接他们，把所有小矮人带到地外蓄热电锅炉里。就这样，整个部落用歌舞欢送雯雯，而我们的主人公准备好继续前行。

–请翻到第 22 章。

第 15 章

三个小生物来到走廊。雯雯迫不及待地在前面飞。像箭一样这里飞飞，那里飞飞，然后那里飞飞，这里飞飞，飞到巨型人类衣服里。衣服就挂在衣架上。突然，雯雯吃了一惊，停了下来。因为衣服上隐约传来哭声。灯灵灵小心地靠近，哭声越来越大。于是她很快飞回到滋滋和菲菲那里。

“怎么了？”菲菲问道。

“那里，蓝色外套在哭。”雯雯解释道。

“外套？”滋滋觉得奇怪，“但外套不可能哭，就算是蓝色的！”

“你来看一看！”雯雯说。菲菲和滋滋加快速度，很快就来到衣服跟前——衣服高高地挂在小生物们的前上方。

“你看，没有谁在哭。”吸粉虫说。

“呜呜，呜呜。”蓝色外套在啜泣。

“多么令人惊奇啊！”菲菲觉得很惊讶，“这个外套真的在哭！”

“肯定是饿了，”滋滋解释道，然后向外套叫道，“你饿了吗？”

“没有，我只是走丢了，”外套说，然后从口袋里跑出来一个小樟脑丸，他有亮蓝色的毛发，左爪不是爪子，而是夹子！

“我在和其他樟脑丸玩捉迷藏，”小丸子焦虑地解释道，“我藏在这个口袋里。但是有人拿走了卧室衣柜里的外套，并把它放在了这里。”小丸子解释着，又哭了。

“别哭！”菲菲安慰他，“他们人类是这样的，拿走各种各样的东西，然后把它们放在其他地方。他们还把我的杯子拿走了呢。”

“那我能怎么办呢？”小丸子啜泣着，“我所有的朋友都在衣柜里。”

“会有办法的！”滋滋说，“我已经想到了！”

“对，也许我也想到了。”菲菲说。

“我也是！”雯雯叫了出来。

你想听谁的想法？

－菲菲的。（请翻到第 16 章）

－滋滋的。（请翻到第 17 章）

－雯雯的。（请翻到第 18 章）

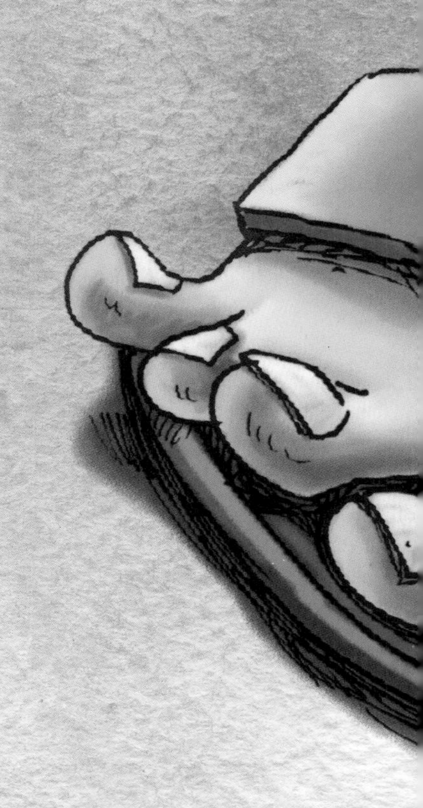

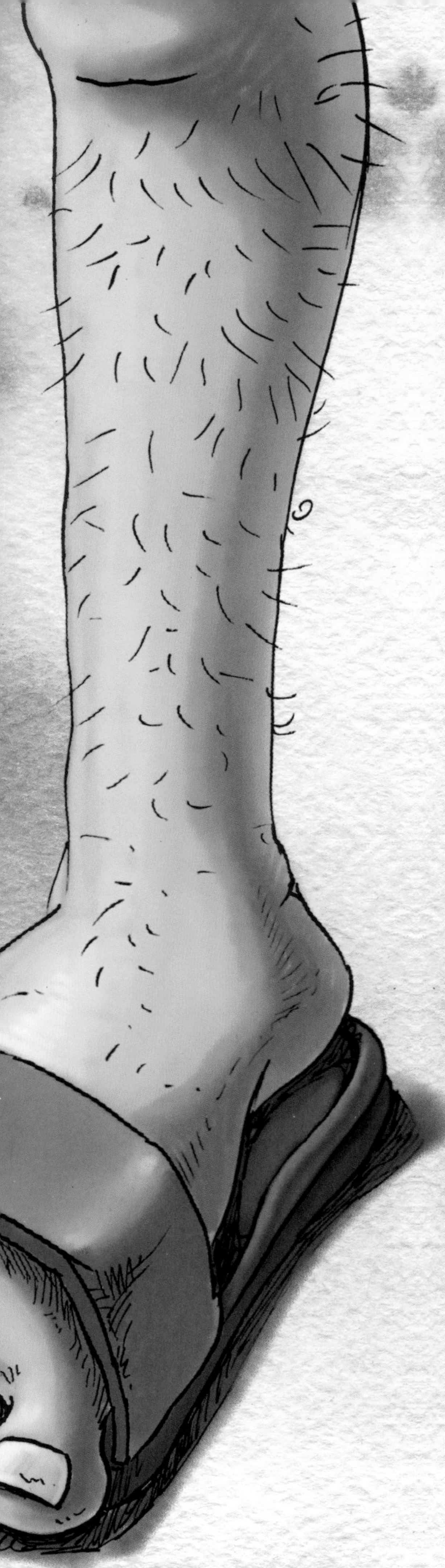

第 16 章

菲菲拍拍小脸，说道：

“大人们拿外套是为了防寒，是吗？”

“是的。”雯雯和滋滋点点头，他们其实并不懂衣服是什么，所以才光着身子。

“所以大人们天热时会收走外套，是吗？”菲菲又问道。

“天热时的外套是什么？”小丸子问道，他又因为紧张而颤抖。

“不，不，”菲菲解释道，“天热时人们穿其他衣服，比如说，”扶手椅美人指了指，“短裤。”

“所以呢？”滋滋不明白。

“如果小丸子来到短裤的口袋里，大人们会把它放回衣柜里，对吧？”

小生物们沉默了几秒钟。

“对，对，太好了！”雯雯和滋滋很高兴。

“太好了，是这样的。”小丸子很高兴，拍打着自己的夹子。

“只要我们能到达那里！”菲菲宣布道，然后高傲地抬起头。

“但是，但是……”小丸子打了个嗝，“短裤这么远啊！”

“我会帮你的！”雯雯说道，飞了过来。

扶手椅美人和吸粉虫观察着周围，想知道怎样可以飞到那么高。小丸子看准了外套旁边一件红色长袍的口袋，用尽全力冲过去。红袍子动了一下，小丸子用夹子抓住口袋，然后挂了过去。雯雯飞过去，靠在小丸子的屁股上。尽管小丸子很小，但还是比灯灵灵大很多！几乎有三个吸粉虫那么重。灯灵灵用尽全力，小丸子紧紧抓住她的脚，跳了出来，落到口袋里。就在这个时候，噪声从另一个房间里传来。雯雯很快躲到一顶帽子后面。滋滋和菲菲躲到了衣柜下面。走廊里进来一个男人，没穿上衣，只穿着短裤和拖鞋！他看上去很困，在走廊里走动，自言自语道：“热也好，冷也罢。”他伸出双手，抓住红袍子！他穿好衣服，来到厕所里。一切都安静下来。滋滋从衣柜下面抬起头，雯雯从帽子后面偷看。一片安静。噗！噗！厕所里发出奇怪的声音。男人从那里出来，穿着红袍子，继续自言自语，重新回到卧室。小生物们又抬起头。

“大概最终小丸子是会回家的。”菲菲微笑着总结道。

“呃，”滋滋眨眨眼，“有时候冒险就是这么奇怪。”

是时候决定我们的主人公往哪里走了。

–请翻到第 20 章。

第 17 章

“好，告诉我发生什么了？”滋滋说着，抓了抓鼻子。

“啊，我们在玩捉迷藏，然后……”

“不，不，”吸粉虫打断他的话，说道，“把所有事情从头告诉我。”小丸子停止哭泣，开始思考，因为他不能同时思考和哭泣。哭泣的时候，脑子没有任何空间可以思考。

“是在一个晚上，我们三个小丸子聚在一起，小目、小杜和小莫，我和爸爸。”小丸子停下来要继续数，但他太小了，只能数到三。

“小杜建议大家跳富有弹性的内衣，但小莫不想，因为小莫的弹跳力不行。后来爸爸建议我们玩捉迷藏，大家都同意了。我躲在袜子里，但他们总能找到我。”

滋滋很认真地听着，同时观察附近还有没有灰尘。菲菲和雯雯很感兴趣地听着，菲菲甚至问衣柜里还有没有水。小丸子继续讲他的经历：

“小莫闭着眼睛，小目躲在裤腿里，小杜躲在一个手套里，而爸爸藏到一件大大的红外套的口袋里，我决定像爸爸一样，钻到某个外套的口袋里。藏好之后，我们就等啊等啊等啊，但小莫没能找到我们。这个时候女的大人来了，说‘天冷了……’”

“停！”滋滋叫起来，跳到桌子上，“这是那件红外套吗？”他问道，然后指了指小丸子身后，小丸子转过身来，夹子发出啪的声音。

“对！”小丸子叫出声来，由于激动，不仅打了个小嗝，还放了个小屁。

“爸爸！爸爸！”小丸子喊了出来，立刻使劲跳到红外套的口袋里。

“是我的宝宝吗？”里面传出了声音，“怎么了？游戏结束了吗？我睡着了！”两个小樟脑丸一起从口袋里出来。小丸子向爸爸解释发生的事情。

“非常谢谢你们！”樟脑丸爸爸说，“我会把他带回家的。我知道回衣柜的路。”

“嗯，看来问题解决了。”滋滋说着，看了看菲菲和雯雯。他们准备好继续冒险了。

－请翻到第 21 章。

第 18 章

“我马上回来。”雯雯说完，就躲进大人的衣服里。

小丸子安静下来，开始等灯灵灵回来。滋滋和菲菲也在等。所有小生物都在等。很快，他们听到灯灵灵在小声讲话。

“我给你们带来一位朋友。”雯雯说着，从一件大衣后面飞过来。

“小东！”雯雯介绍道。她后面出现一只小蛾子。

“很高兴认识大家，很高兴啊，”小蛾子小东说道，语速比火箭还快，“有什么问题呢？因为如果有问题，那是为了让我们去解决它们。解决了就不是问题了，所谓的问题只是我们和它们的一种关系。”

滋滋和菲菲什么都不明白。小丸子更是云里雾里的。这是一个有大问题的小小丸子。小丸子叹了口气，继续讲道：

“我们在和其他小丸子玩捉迷藏，然后……”

“为什么？”小蛾子打断他的话，“为什么你们在玩捉迷藏？你们本可以玩老鹰捉小鸡、跳皮筋、跳内衣、丢手绢……”

“我不知道。我们在玩捉迷藏，然后我躲在蓝色外套里。”

“哎，你看到了吗？”小蛾子说，“你躲在蓝色外套里，你本可以躲在橙色裙子里、绿色裤子里、红色上衣里，甚至紫色帽子里，但你却躲在蓝色外套里。是偶然吗？并不！”

“我们需要你的帮助！”雯雯听不下去了，“你要不要飞到卧室里的衣柜去看看呀？”

“哦，衣柜，”小蛾子想象道，然后叫出来，“那里有很多美味的领带，有条纹的、斑点的、方形的、菱形的。还有一些领带，它们并不是领带，因为是裤子……”

“是，是，”雯雯打断道，“你要不要找到这个小丸子的父母？”

“哦，对啊，对啊，当然，我会找到他们。他们就在衣柜里，我怎么会找不到呢？”

小蛾子不停地边飞边说：“在衣柜里有袜子……羊毛袜子、棉袜子、纤维袜子，甚至还有奇怪的袜子，不知道是用什么做的……”他的声音逐渐消失在远方，我们的主人公开始等待。等得太久，甚至和小丸子玩起了游戏——各种游戏，就是不玩捉迷藏。最后终于听到小东回来了。

“我和你说过，会找到他们。他们就在衣柜里，他们能去哪里呢？逃到哪里？最多是去别的衣柜里，我就是连那里也想去查查看。能有几个呢？一个衣柜，两个衣柜……”

他的后面跟着焦虑的樟脑丸爸爸和樟脑丸妈妈。一看到他们，小丸子就跳到柜子上。他们也向他奔过来。

“嗯，”雯雯说，“我们可以继续自己的冒险了。”

–请翻到第 22 章。

第 19 章

小小生物们成功离开大厅，但现在会发生什么呢？问问你附近的大人今天是星期几。大人们永远知道是星期几，因为他们要去工作。如果附近没有大人，你不知道今天是星期几，那随机选一个吧：

- 如果今天是星期一、星期三或星期六，请翻到第 7 章。
- 如果今天是星期二或星期五，请翻到第 11 章。
- 如果今天是星期四或星期日，请翻到第 15 章。

第 20 章

是时候检查一下你写下的是哪个字符串了。如果是“liang”，请翻到第 23 章，如果是“lie”或者“xiang”，翻到第 24 章。如果是“lia”或者“qiang”，翻到第 25 章。如果是“xie”，翻到第 26 章。如果是“qie”请翻到第 27 章。如果是“xia”，请翻到第 28 章。如果是“qia”，请翻到第 29 章。

第 21 章

是时候检查一下你写下的是哪个字符串了。如果是“liang”，请翻到第 24 章。如果是“lie”或者“xiang”，请翻到第 26 章。如果是“qiang”，请翻到第 27 章。如果是“xie”，请翻到第 30 章。如果是“xia”或者“qie”，请翻到第 31 章。如果是“lia”，请翻到第 28 章。如果是“qia”，请翻到第 32 章。

第 22 章

是时候检查一下你写下的是哪个字符串了。如果是“liang”，请翻到第 25 章。如果是“xiang”，请翻到第 27 章。如果是“lia”或者“qiang”，请翻到第 29 章。如果是“lie”，请翻到第 28 章。如果是“xie”，请翻到第 31 章。如果是“lia”或者“qie”，请翻到第 32 章。如果是“qia”，请翻到第 33 章。

第 23 章

菲菲看看四周，摸摸下巴：

“我们可以去孩子房间，这是最近的。那里睡着小小大人。在厨房里有洗手台，一直是有水的！”

“嗨，菲菲，我们可以向浴室前进，”滋滋加入讨论，“那里一定有水的！”

- 是时候做选择了，去孩子卧室（请翻到第 40 章），去厨房（请翻到第 37 章），还是去浴室（请翻到第 34 章）？

第 24 章

菲菲看了看周围。

“我们去厨房吧，”她说，“那里有装了水的水池。或者直接去浴室！”

“可以，”滋滋同意，“但我们也可以去秘密柜子，就在前面，很多吸粉虫都说，那里满是秘密灰尘！”

– 是时候做选择了。去厨房（请翻到第 37 章），去浴室（请翻到第 34 章），还是去秘密柜子（请翻到第 49 章）？

第 25 章

“我们离孩子的房间最近。”菲菲说，“但是我们可以继续去浴室。”

她的下巴摇动着，表示期待。

“那我们还要不要待在走廊里呢？”雯雯问道，看了一眼管道状的怪灯。

– 是时候做选择了。去孩子卧室（请翻到第 40 章），去浴室（请翻到第 34 章），还是留在走廊里（请翻到第 52 章）？

第 26 章

“我提议我们去秘密柜子，”滋滋说着，抬起了鼻子，“或者去卧室——那是大人睡觉的地方。”

“那为什么不去小小大人睡觉的地方？”菲菲问道。

– 是时候做选择了。去秘密柜子（请翻到第 49 章），去大人卧室（请翻到第 43 章），还是去孩子卧室（请翻到第 40 章）？

第 27 章

“我听说，浴室里都是水！”菲菲说。

“我提议我们去卧室，那里睡着大人。”滋滋说。

“还有睡着小小大人的卧室。”雯雯轻声说，“灯整夜亮着。”

– 是时候做选择了。去浴室（请翻到第 34 章），去大人卧室（请翻到第 43 章），还是去孩子卧室（请翻到第 58 章）？

第 28 章

“我建议我们去孩子卧室。那里睡着小小大人。”菲菲边说边拉扯自己的裙子。

“不，不，”滋滋反对道，“秘密柜子更近，那里满是秘密灰尘！”

“为什么我们不留在走廊里呢？”雯雯盯着管道状的灯建议。

– 是时候做选择了。去孩子卧室（请翻到第 40 章），去秘密柜子（请翻到第 49 章），还是留在走廊里（请翻到第 52 章）？

第 29 章

雯雯往上飞。

“孩子卧室里的夜灯还亮着。”她说。

“是，”菲菲同意道，“但厨房里一定有水。”

“厨房里很黑。”雯雯说，“我们也可以去秘密柜子看看。”

–是时候做选择了。去孩子卧室（请翻到第 58 章），去厨房（请翻到第 37 章），还是去秘密柜子（请翻到第 55 章）？

第 30 章

滋滋用鼻子吸了一口气。

“厨房里不可能没有食物。”他说。

“或者我们去卧室看看，”菲菲加入道，“不可能所有地方都很干净。”

“总有地方是脏的，”滋滋同意，“也许是秘密柜子。”

–是时候做选择了。去厨房（请翻到第 46 章），去大人卧室（请翻到第 43 章），还是去秘密柜子（请翻到第 49 章）？

第 31 章

“厨房里不可能不掉灰尘。”滋滋说。

“秘密柜子就在前面，”雯雯说着就飞走了，“我们可以去那里找灰尘。”

“或者还是待在卧室里。”吸粉虫补充道。

–是时候做选择了。去厨房（请翻到第 46 章），去秘密柜子（请翻到第 55 章），还是去大人卧室（请翻到第 43 章）？

第 32 章

“我们可以留在这里。”雯雯建议道，然后飞到走廊里奇怪的发光管道那里。

“或者我们可以去厨房里。”滋滋说，他在那里闻到了一些什么。

“或者我们可以去秘密柜子。”雯雯说，开始讲关于灯笼的事。

–是时候做选择了。待在走廊里（请翻到第 52 章），继续向厨房前进（请翻到第 46 章），还是去秘密柜子（请翻到第 55 章）？

第 33 章

“我们可以留下来。”雯雯说，然后开始看走廊里奇怪的管道状的灯。

“孩子卧室里也亮着灯。”菲菲告诉她。

“是，是。或者去秘密柜子。”雯雯说，并开始讲起关于灯笼的故事。

–是时候做选择了。留在走廊里（请翻到第 52 章），继续去孩子卧室（请翻到第 58 章），还是去秘密柜子（请翻到第 55 章）。

第 34 章

雯雯第一个从浴室的门下面穿进去。之后是滋滋，他要进去就难了。他把屁股慢慢塞进去，最后——进去了！就像一个木塞一样，塞进去了！菲菲小心地弯下腰，避免刮到自己的裙子。这就是浴室了！闪闪发光，巨大无比，在蓝绿色里，白色金属的伟大奇迹！菲菲的胡子颤动了，简直是在跳舞，甚至是在唱歌：

我们是小胡子，哇哦，
我们喜爱水，
喝水，唱歌，洗澡，
我们会一直洗到中午！

听到歌曲之后，滋滋鼻子上的小毛也颤抖起来，开始唱歌。他们吸粉虫有自己的歌，更加与众不同：

我们是小鼻毛，哇哦，
但我们不喜欢水，
给我们灰尘吧，脏东西，
臭臭，皮屑，你们所讨厌的一切！

就这样，唱着唱着，小生物们继续向里面走。地面阴冷潮湿。

“这一定是人们所说的冷极。”滋滋补充道。

“对，这已经很‘极’了。”菲菲表示同意，她的脚开始被冻住了。

“可以适应的，”水灵灵小湫说着，从一个水池出水口里出来。

“我没有在附近见过你们。你们一定是新来的。是来旅游的吗？”

“对，对，”菲菲点点头，这是她第一次听到“旅游”这个词。

“浴室因为独具特色的水，所以非常有名！”小湫解释道，并且挥挥手，“热水，冷水，滚烫的水……”

“这些‘大杯子’是什么？”滋滋用鼻子指了指，问道，“还有这些‘碗’呢？”

小湫蒸发了，变成水汽飘起来，然后沉到一个脸盆里。

“这些是水桶和脸盆。”水汽解释道，又变成水灵灵，“人们用它们装水。”然后，小湫又蒸发成水汽，来到他们面前。

“我们继续吧。小心，不要滑倒。哎？你们的朋友去哪里了呢？”菲菲已经站到一个脸盆里，整了整自己的小裙子，拍了拍自己的下巴。

“你在那儿干什么呢？”滋滋问道。

“我在等啊。”菲菲解释道。

“等什么呢？”

“水！”

“哦，不，不，”小湫补充道，“人们在睡觉。跟我来，我知道一个地方有很多水。”

小湫又变成了水汽，出现在上面，停在一个很大的东西旁边。

“这是热水器。这里有一个小按钮，”小湫说，“按住它，然后，嘶！就开始烧水了。”

“哦，是的，”水灵灵继续说着，变成热蒸汽，“很多小生物都爬到这里，让自己暖和起来。”热蒸汽又飞到他们面前。

“这是百慕大三角。”小湫解释道。

“什么意思？”雯雯不明白。

“这里有一个旋涡，能吸走一切。谁也不知道东西都去哪里了。没有尽头地消失了。”

这次，滋滋及时制止了菲菲，菲菲已经尝试从盖子下面穿过去。

“你很喜欢水，是吗？”小湫问她，“我有东西要给你看！跟我来，我们会穿过管道，去看浴缸！”

“这有什么的，”滋滋说，“我们自己也可以带菲菲去浴缸。”

－菲菲会信任小湫把自己带到水管里吗？（请翻到第 35 章）

－还是会和雯雯、滋滋一起去尝试呢？（请翻到第 36 章）

第 35 章

“我们要钻到管子里。”小湫说，“然后沿着水流游动。”

菲菲高兴地摸了摸下巴，但滋滋和雯雯难过地摇了摇鼻子。他们退后几步，交谈着，然后又走上前来。

“我不会游泳，菲菲。”滋滋说，然后笨拙地抱了抱自己的朋友。

“我也不会。”雯雯说。菲菲拥抱了雯雯。

菲菲的小胡须悲伤地抖动。她的眼睛里闪着泪光。

“你必须继续前进！”吸粉虫说，“这是你的梦想！”

“我们会为你高兴的！”雯雯补充一句。

小湫把菲菲带到水龙头处。菲菲停下来，向吸粉虫和灯灵灵挥了挥手。

“我们从这里进去，”小湫解释道，“你必须准备好。跟我来！”

菲菲钻进去，开始游泳。她用爪子欢乐地划水，她的小胡子在洗澡，她的小脸蛋也在洗呀洗。多么有意思呀！扶手椅美人跟着水灵灵转了个弯，然后一次又一次地转弯。

“这里，我们需要从这里出去。”小湫喊着，拉着菲菲。

两个小生物往下掉。在这个时候，水灵灵变成了云，载着菲菲缓缓下降。扶手椅美人的小爪子一步步踩着，她的小脑袋四处望着，她发现自己落进了一个白色山谷里。小湫变成蒸汽，溜进水龙头。

“准——备——好——了——吗？”小湫从里面呼喊着，并没有等待回复。

水龙头开始转起来。一条瀑布沿着菲菲流动，她很艰难地跳开。水很快充满整个山谷。水位不断上涨、上涨。扶手椅美人开始游泳。她转过身来，让水托着自己。她小小的身体在幸福中颤抖。以前，菲菲认识的整个世界，就只是一个杯子那么大。而现在——这无尽的海洋！她感觉很自由！她挥动爪子，闭上眼睛，开始唱歌。波浪把她的歌声传得很远，很远。

穿过波浪，
穿过山谷，
在地毯森林里，
甚至在午夜，
朋友们在等我，
好朋友们！

完

第 36 章

“都是游客啊，你能怎么办呢？”小湫抱怨道。他变成蒸汽，飞到天花板上，又变成小水滴。小水滴开始带着兴趣观察着他们。

“雯雯会带我们飞上浴缸。”滋滋说，“或者至少带着你，别担心！”

菲菲没有焦虑，但看了看雯雯，还是有点儿担心。灯灵灵在发力，尝试载着菲菲飞起来，但总在光滑的地板上滑倒。用力，滑倒，砰的一声撞到屁股，屁股就立刻闪闪发光。

“这样不行啊。”雯雯和她的屁股说道。

扶手椅美人坐在冰冷的地上，难过地盯着浴缸，小胡子也耷拉着。滋滋坐在她旁边，抱着她，挠了挠鼻子。菲菲感到她的眼眶湿润了。

“我有办法了！”吸粉虫叫了出来，鼻子扬得高高的。他四处游走，指指点点，向扶手椅美人和灯灵灵不断下命令。过了一会儿，一切都准备好了。菲菲爬到清洁刷的顶端。雯雯在马桶盖上发力起飞。菲菲举起了爪子，雯雯一把抓住她——两个小生物一起飞到浴缸里。雯雯再放下菲菲。

菲菲迈出脚步，四处瞅了瞅。左边立着一座白色的山峰，右边也一样。但是没有水。大洋在哪里呢？是弄错了吗？菲菲前后查看——哪里都没有水。就在这个时候，她抬起头，看到了伙伴们。雯雯正在飞，滋滋的鼻子挂在她身上。吸粉虫的身体四处摇晃，而他的鼻子就像口香糖一样被拉得很长。啪！滋滋直接撞到了水龙头上。一条瀑布倾泻下来，水填满了整个山谷。终于有水了！菲菲跳起来，拍着水。水位不断上涨。菲菲在洗澡，轻揉嘴巴，洗洗胡子。她潜入水中，又跳起来，溅起了水花。菲菲游到岸边，滋滋和雯雯站在那里。

“我们在这里等你。”吸粉虫说“你好好洗！”

菲菲意识到自己的朋友不怎么会游泳。但很快她就用嘴巴推着肥皂盒小船又来到岸边。

“快一点儿，上船！”菲菲向他们呼唤道。

滋滋和雯雯开心极了！他们坐在船里。尽管有一点儿肥皂残渣粘在吸粉虫的毛发上，吸粉虫还是开心地扬起了鼻子。菲菲推着肥皂盒小船，和他们一起跳跃。一条小船，三个大朋友，沿着海浪，开始新的冒险。

完

第 37 章

菲菲迫不及待地进入厨房。她整了整裙子，用爪子小心地向前试探。“我应该去哪里找水池呢？”扶手椅美人琢磨着，快步奔向前方。滋滋追不上她，很疲惫。过了一会儿，雯雯也跟了上来。

他们对面是各种机器——大型的，巨型的，还有一个小型的。电器，电线，难以理解的小部件和伟大的奇迹！有几个带毛的多动小灵从洞里往外偷看，然后又藏起来。

“这些东西哪个是水池呢？”菲菲想着想着，就大声问出来。

“嗒！嗒！”某种声音回答道。

滋滋清醒过来。他走到椅子边，开始沿着椅腿向上爬。他爬到座位上，望了望四周。

“嗒！嗒！”某种声音又回答道。

“我看到水池了！”滋滋自豪地叫起来，抬起屁股。

“哇哦！哇哦！”菲菲高兴得跳起来！

但滋滋的处境很困难。他很难从椅子上爬下来——他的毛发被钩住了，他走得摇摇晃晃的。雯雯飞过来，把他接住。在她的帮助下，滋滋成功着地。菲菲拥抱了滋滋和雯雯，然后拍打着自己的小脸蛋，兴奋极了！

“嗒！嗒！”还是之前那个声音在高兴地回答。

“呵呵呵！”有些机器在角落里发出轰鸣声，然后又停下来。

机器的头部打开一扇门，吹出来冷气。

里面跳出了一个长着蓝色头发的多动小灵。

“你们冷吗？”他问道。菲菲、滋滋、雯雯陷入沉思。

“不！”三个小生物回答。

“哦，不好意思，不好意思。”多动小灵开始思考。他跳到椅子上，又从那里跳到桌子上，再荡到台灯上，然后向上，来到自己的冷柜里。他把门开得很大，以便吹出来更多冷气。

“现在你们觉得冷吗？”他问道。

“是的，有点儿凉了。”三个小生物同意道。

“哦，不好意思，不好意思。”多动小灵开始思考。他这里跳跳，那里跳跳，开始跳舞。不要想着把他拴在一个地方——他是活生生的多动小灵！

他走下去，尝试打开另一扇门，但是很难。几分钟之后，他吹起口哨。几只灰色的多动小灵走过来，帮助他推开门。机器的大肚子敞开了。里面是它吃进去的东西：果汁、奶酪、牛奶……都是连包装纸一起吞下去的，菜则是和锅一起。里面吹出阵阵寒气。

“来客人了，我出丑了。”多动小灵觉得很抱歉，“不会是不够冷吧！”他又跳起来，进入自己的房间，打碎了一些东西，又出来了。

“冰！”他说着，把它放在菲菲手里。冰在菲菲手里融化了。

“水！”菲菲说着，高兴得跳起来。

多动小灵走开了，拿来更多的冰，然后也变成了水。多动小灵很惊奇，又跑开了。

“嗨！”最后，雯雯说，“我们拿一个杯子过来，这样你就可以洗澡了！”

菲菲开始琢磨，她的爪子感受到冰带来的冷。

“是，这可比在水池里洗澡简单多了。”滋滋也同意。

但是菲菲还在考虑。

- 你希望菲菲同意在装了冰水的杯子里洗澡（请翻到第 38 章）？

- 还是希望她坚持去水池里洗澡呢（请翻到第 39 章）？

第 38 章

滋滋和雯雯托着杯子。吸粉虫把鼻子挂到杯子底部，同时呼吸着。灯灵灵拉住杯子顶部。杯子左右摇晃。

“谢谢你们，谢谢你们！”菲菲在附近跳着，尝试去帮助他们。

“我们把杯子拿来了！”滋滋最后骄傲地宣布。

“为你们服务！”多动小灵说着，又跑开了。他跑到了冰柜里，又跑回来，很快就用冰填满了杯子，然后又继续加。所有小生物都在等啊，等啊……

菲菲小心地用爪子去摸了摸冰，检查一下到底有多冷。她沿着杯子打转，看着自己周围的水，然后又开始检查。滋滋用爪子挠挠鼻子。

“你在干吗呢？”菲菲问道。

“我在挠鼻子！”滋滋回答。

“什么？！”

“这样鼻子会发热，”滋滋解释道，又继续用爪子挠着鼻子。不久，他的鼻子就一点儿都不像鼻子，鼻毛都立起来了。滋滋把发热的鼻子伸进水里，然后吹了一口气。“啵！啵！”吸粉虫吹着吹着，水就开始冒泡。最后，一切都准备好了。菲菲摸摸水，检查水温。

“完美！”她叫起来，穿着裙子就跳了进去。

然后，她开始一边游泳一边唱歌：“踏啦啦！踏啦啦！”

“来吧，朋友们！”她转向雯雯和滋滋，“来吧！”

灯灵灵脱下鞋子，跳进里面。连滋滋这个从不洗澡的家伙，也挂到杯子边缘，跳了进去。水变成咖啡色的了。

“这，这是最脏的水！”菲菲说着却开心地叫起来，把水泼到雯雯和滋滋身上。

灯灵灵用翅膀把水泼回去，吸粉虫用鼻子把水喷得老高。这个时候，菲菲看看自己的朋友，意识到自己从未这么开心。

完

第 39 章

扶手椅美人发现水池里有一道目光在看着她。她往那边看去，但那个小生物很快就躲了起来。

“我不能把你抬上去。”雯雯解释道，然后用手和翅膀挥舞着，“我们必须从高处起飞。”

灯灵灵想好计划，吸粉虫帮助菲菲爬到椅子上。

“让我来拥抱你。”滋滋说着，安静地用鼻子吸了吸。

扑棱！扑棱！灯灵灵扑动翅膀，开始重新发光。她开始发力，而菲菲抬起爪子，用力抓住她的翅膀，然后她们起飞，不断上升，下头正是尖利的刀和直立的叉子。她们在盘子附近打转，雯雯开始下降了，最后把扶手椅美人放在水池里。而那里——那是怎样的惊喜！菲菲简直不能相信。大飞！大飞个子比她大，脸也更大。他长着卷曲的胡子，看起来非常好笑。菲菲低下头，整了整裙子。

“你会帮我吗？”大飞一边说一边推着碗，“我在努力把它推到水滴下面。”

菲菲很高兴地同意了，他们一起推一个碗，一步又一步。最后，他们到达水龙头下面，停下来休息。嗒！嗒！水滴落到里面。两只小生物坐在碗边，双腿向下垂着，没有碰到水面。水慢慢上涨。他们开始讲自己最喜欢的东西。菲菲一直盯着大飞的胡子看，心里暗暗地想：“这难道不是世界上最可爱的胡子吗？”

“嗒！嗒！”水滴声回答道。

完

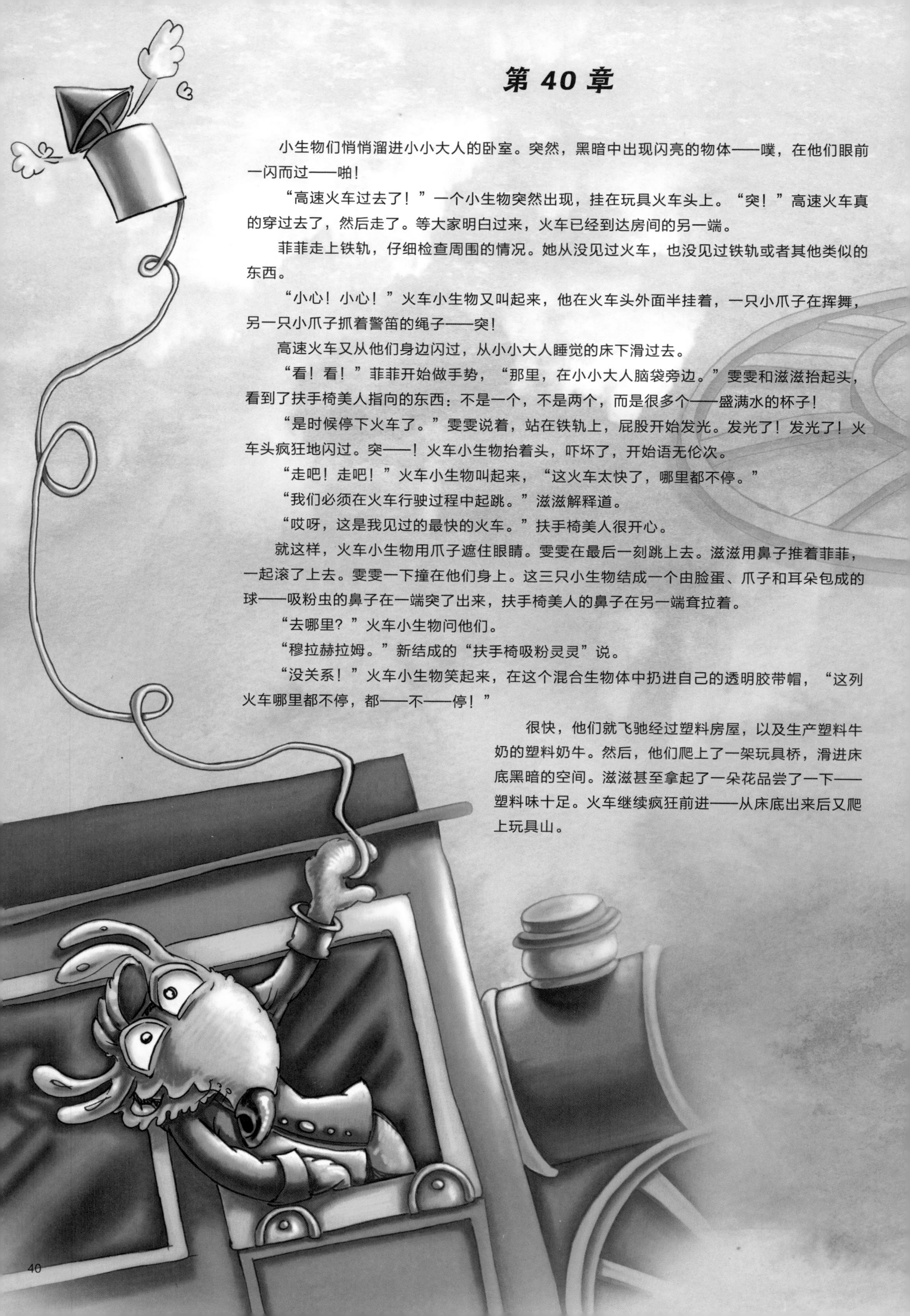

第 40 章

小生物们悄悄溜进小小大人的卧室。突然，黑暗中出现闪亮的物体——噗，在他们眼前一闪而过——啪！

“高速火车过去了！”一个小生物突然出现，挂在玩具火车头上。“突！”高速火车真的穿过去了，然后走了。等大家明白过来，火车已经到达房间的另一端。

菲菲走上铁轨，仔细检查周围的情况。她从没见过火车，也没见过铁轨或者其他类似的东西。

“小心！小心！”火车小生物又叫起来，他在火车头外面半挂着，一只小爪子在挥舞，另一只小爪子抓着警笛的绳子——突！

高速火车又从他们身边闪过，从小小大人睡觉的床下滑过去。

“看！看！”菲菲开始做手势，“那里，在小小大人脑袋旁边。”雯雯和滋滋抬起头，看到了扶手椅美人指向的东西：不是一个，不是两个，而是很多个——盛满水的杯子！

“是时候停下火车了。”雯雯说着，站在铁轨上，屁股开始发光。发光了！发光了！火车头疯狂地闪过。突——！火车小生物抬着头，吓坏了，开始语无伦次。

“走吧！走吧！”火车小生物叫起来，“这火车太快了，哪里都不停。”

“我们必须在火车行驶过程中起跳。”滋滋解释道。

“哎呀，这是我见过的最快的火车。”扶手椅美人很开心。

就这样，火车小生物用爪子遮住眼睛。雯雯在最后一刻跳上去。滋滋用鼻子推着菲菲，一起滚了上去。雯雯一下撞在他们身上。这三只小生物结成一个由脸蛋、爪子和耳朵包成的球——吸粉虫的鼻子在一端突了出来，扶手椅美人的鼻子在另一端耷拉着。

“去哪里？”火车小生物问他们。

“穆拉赫拉姆。”新结成的“扶手椅吸粉灵灵”说。

“没关系！”火车小生物笑起来，在这个混合生物体中扔进自己的透明胶带帽，“这列火车哪里都不停，都——不——停！”

很快，他们就飞驰经过塑料房屋，以及生产塑料牛奶的塑料奶牛。然后，他们爬上了一架玩具桥，滑进床底黑暗的空间。滋滋甚至拿起了一朵花品尝了一下——塑料味十足。火车继续疯狂前进——从床底出来后又爬上玩具山。

“我们必须下车！”扶手椅美人说。

“那你们为什么要爬上来呢？”火车小生物不明白。

“为了能够下车。”菲菲解释道，“如果我们没有上车，又怎么可能下车呢？”火车小生物开始想啊想，还是想不通。他只是喜欢开火车，到现在还没有谁能随便上下车呢。

“我们必须在行驶过程中下车。”滋滋解释道。他等到火车靠近床的时候，跪了下来，用鼻子开始甩动。“扶手椅吸粉灵灵”转了起来，又分解成一只扶手椅美人、一只吸粉虫和一只灯灵灵。

“我们在最合适的地方下车，”菲菲抬起头看了看床边，“那里有水杯，非常美妙的水杯，啦啦啦——啦啦啦！”

“我会把你抬到火箭上，直接从那里起飞。”雯雯说。但是菲菲不明白她的话。因此雯雯又解释道：“火箭会从那里起飞，我直接载你过去。”

“雯雯建议把你抬上去，”滋滋悲伤地解释，“但我也能把你背起来，沿着床爬上去。你看我有这么多条腿！”滋滋说，然后用鼻子指了指自己的六条腿，他小心翼翼，不数错任何一条。

–滋滋会背着菲菲沿着床爬上去吗（请翻到第41章）？

–还是雯雯会像火箭一样起飞，把菲菲载到水边呢（请翻到第42章）？

第 41 章

“把你的爪子放到这里，鼻子旁边！”滋滋解释着，把菲菲背到自己的背上。“这是一只很轻的扶手椅美人。”吸粉虫想了一下，然后把她背上去。首先左脚，然后右脚；之后是另一只左脚和另一只右脚；接着是最后一只左脚和最后一只右脚。滋滋沿着小小大人的床向上爬，想着“事实上，扶手椅美人没有那么轻”。

“我重吗？”菲菲问道，“我变重了，对吗？”

“没有，没有，你像粉末一样轻。”滋滋回答道，继续往上爬。

“我变重了。”菲菲很烦恼。

“可能真的变重了，”吸粉虫想着，“扶手椅美人越来越重。左，右，左，右。”

高速火车从他们下面一闪而过。火车小生物挥了挥手，吹起警笛。滋滋朝那边看了一眼，突然失去平衡，掉下去了。菲菲快速抓住床脚。但是滋滋落空了，摔了下去！最后一刻，雯雯把他接住了，两只小生物一起滚到了低碳丛林里。

“你——变胖了！”雯雯说着，笑了起来。

“看！看！”滋滋指了指，说道。

扶手椅美人把目光集中在杯子上，独自爬了上去。她到达目标，站了起来，脱下衣服。她转过来，向雯雯和滋滋挥手。灯灵灵和吸粉虫也愉快地向她挥手。菲菲很仔细地观察了一下杯子。一个杯子里装了很多水，但是太高了。另一个杯子里的水没有那么多，也没有那么高。还有第三个杯子，装着橙色的水，一点儿都不高。菲菲用力跳进橙色的水里面。她在里面划水、游泳。水溅出来了，她舔着自己的胡子。“这不是水。”她想着，又舔了一些叫作果汁的橙色的水，继续游泳。床下面，雯雯和滋滋因为他们的朋友的成功而开心地抱在一起。菲菲放松下来，靠着背，闭上眼睛。因为旅途太疲惫了，菲菲睡着了。扶手椅美人的梦里出现了一个小小大人。而小小大人的梦里也出现了一个扶手椅美人。

完

第 42 章

雯雯飞到上面，然后回来。她测量着，思考着。高度加上 1001，乘以时间再加上 1001。她不断地计算。

“没有问题。”雯雯解释道。

“什么问题？”菲菲不明白，小胡子抖起来了。

“没有问题。”灯灵灵解释道，“爬到我背上！”菲菲提起裙子，爬上去，又调整了一下裙子。雯雯准备起飞了：肚子叫了，屁股开始发光，鼻子开始吸气。灯灵灵像火箭一样起飞了——也不完全是。菲菲开始摇晃，她的爪子按住两个绿色翅膀。雯雯意识到有什么不对劲，然后开始向一边倾斜，掉落。两只小生物的头都晃动起来，然后，嘭！直接落在小小大人的鼻子上。他打了个喷嚏，两只小生物从边上飞开了。

“抓住！”雯雯叫起来，在空中做出了大师级的转弯动作。菲菲飞出来，正好降落在最大的装满水的杯子旁边。她从来没有看过这么多的水，这么高的杯壁。但要怎么进去呢？怎么办呢？菲菲坐下来，水映出她悲伤的样子——无法到达。她用爪子摸着玻璃杯壁，叹了口气。这个时候，她看到有人从杯子的另一边向她招手——滋滋也沿着床爬上来了。

“你可以爬到我的背上，”他向雯雯解释道，“菲菲爬到你的肩膀上，然后，嚯——就进去了！”

他们就这样做了。吸粉虫、灯灵灵，还有最上面的扶手椅美人，都准备就绪！菲菲向前一步，向上使劲一抓，嚯——跳进去了！她高兴地拍了拍嘴巴，开始游泳，又用爪子溅起水花，开始洗耳朵。她潜入水底，在水下睁开眼睛。那里，在杯子的另一边，等待着她的是世界上最美丽的鼻子，和宇宙间最会扇动的翅膀。

完

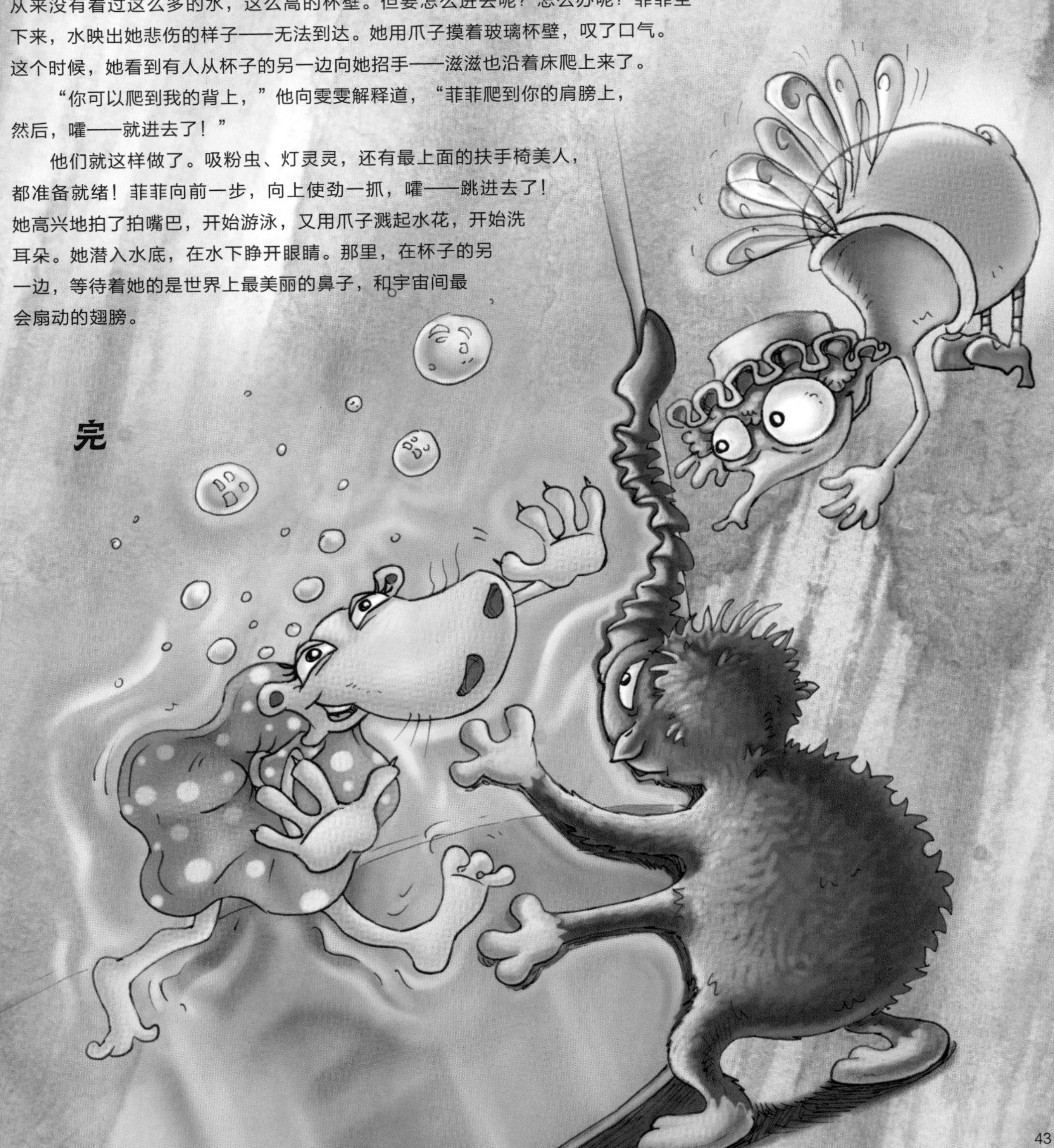

第 43 章

就这样，最后他们到达卧室，停了下来。里面传来奇怪的响声。雯雯飞过去，想看看发生了什么，然后……就没回来。小伙伴们等啊等，等啊等，越是等她，她越是不回来。

“她消失了。”菲菲宣布。

“不可能消失的。就在这里，只是没出现。”滋滋总结道，一副充满智慧的样子，“我们会找到她的，快点儿！”

“如果是这样，我会消失吗？”菲菲焦虑地问道。

“抓住我。”吸粉虫说，向她伸出爪子。

“这样你是不会消失的。因为如果你消失了，我也必须消失。但是我太大了——消失不了。”

就这样，两只小生物（几乎）无所畏惧地走进了卧室。那里响声越来越大。

“看！”菲菲指了指，说，“这声音从男性大人的嘴巴里传出来。”

“吸到鼻子里了。”滋滋解释道。

“天哪！”扶手椅美人叫起来，“肯定把我们的雯雯也吸进去了。”

这个时候，女性大人转过身来，推了推男性大人，他的鼻子喷出长长的气，响声停下来了。

“到他肚子里去了。”菲菲小声地说。

有东西响起来，大人们醒来了。菲菲和滋滋很快溜到床下，躲在一个盒子后面，偷偷往外看。大人的大脚从床上起来，下床了。菲菲和滋滋松了一口气，环顾四周。他们的旁边有一个大盒子，里面装满各种各样的东西。盒子旁边还有一个盒子，里面装满种类更加丰富的东西。这个盒子后面还是盒子、盒子，还有一个旧的手提箱。

“为什么人们有这么多东西啊？”菲菲想不明白。

她继续朝里面走，越来越深入，滋滋跟在后面。他们在一个鞋盒处转身，惊恐地跳起来。

“我吓到你们了吗？”雯雯问道。

“你在这里做什么？”菲菲很惊奇，“我们在找你，你却不在。”

“我在这里，”雯雯宣布道，“你看看我找到了什么？”她拿出来一袋灯泡。

这个时候，他们的身后传来响声。

“怪物，怪物，”滋滋叫起来，然后这里跑跑，那里跑跑，鼻子在地上扫来扫去。

“就是他，就是他！”吸粉虫继续叫着，然后用手指了指。菲菲和雯雯朝那里看过去。角落里睡着一只怪兽，巨大的鼻子，硕大的身体，短小的尾巴。

“这是什么？”菲菲问道。

“这是吸尘器！每一粒微小灰尘的噩梦。”滋滋把自己的声音装得很可怕，然后

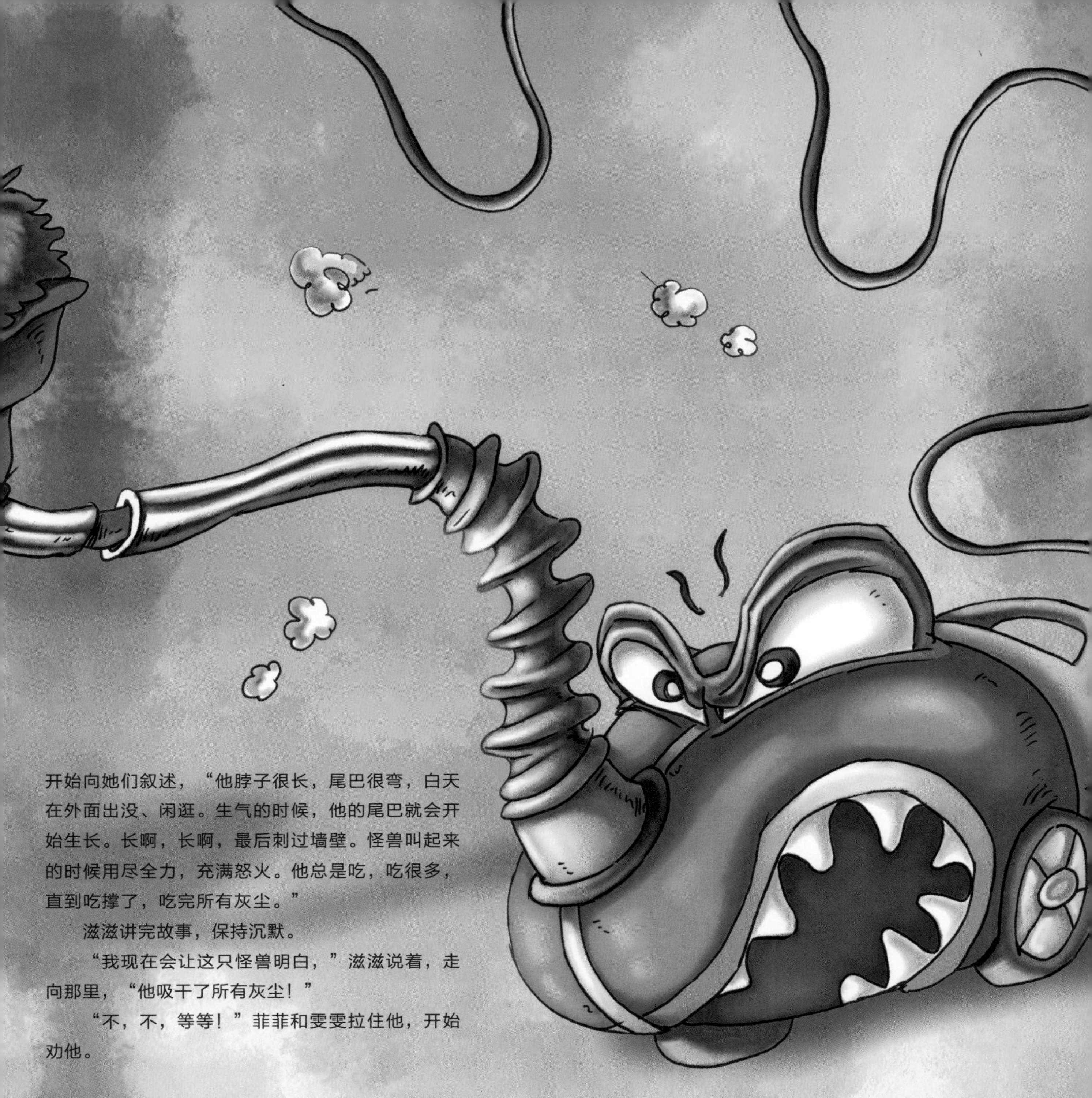

开始向她们叙述，“他脖子很长，尾巴很弯，白天在外面出没、闲逛。生气的时候，他的尾巴就会开始生长。长啊，长啊，最后刺过墙壁。怪兽叫起来的时候用尽全力，充满怒火。他总是吃，吃很多，直到吃撑了，吃完所有灰尘。”

滋滋讲完故事，保持沉默。

“我现在会让这只怪兽明白，”滋滋说着，走向那里，“他吸干了所有灰尘！”

“不，不，等等！”菲菲和雯雯拉住他，开始劝他。

–如果你希望滋滋宣布和吸尘器保持对立，请翻到第44章。

–如果你希望滋滋听菲菲和雯雯的话，让怪物睡觉，请翻到第45章。

第 44 章

怪兽在角落里睡着了。滋滋放慢了脚步。“吸尘器睡着了。”他想着，“但是如果他醒过来发力的话，天哪，这就是一场和吸粉虫之间的战争了。”他看过女性大人是如何抓住怪兽的鼻子，让他安静下来。“那么，鼻子一定是他的弱点。”滋滋想着，又看了看自己的鼻子。他慢慢转过身来，看到雯雯和菲菲在向他招手，让他回去。

“不，”他心想，“我是最勇敢的滋滋！滋滋 · 地毯下——这就是我！”

就这样，小小吸粉虫继续前进，已经非常靠近怪兽了。就在这个时候，“嘣”的一声，这个东西颤抖了一下，然后又“嘭”地发出巨响。滋滋的头突然开始旋转。他踩到自己的鼻子上，开辟出一条路，滚到一个盒子后面。“醒了！”滋滋转过头，看到雯雯和菲菲过来了。吸粉虫开始向她们挥手，让她们不要再继续靠近。

“你藏好了吗？”菲菲问道。

“你听到那个声音了吗？”滋滋回答。

“是的。”雯雯回答道。

“醒了！”吸粉虫说。

“不，又睡了。”菲菲回答。

“小怪物吗？”

“不，女性大人，”菲菲解释道，“她的脚在往回走，她又躺下了。”

“小怪物呢？”

“在睡觉。”

滋滋从盒子后面偷偷看了看。

“睡着了。”吸粉虫抬头挺胸，顺便把粘在毛发上的粉尘吸进去，就这样准备好了。

“我知道他的弱点。”滋滋解释道，然后勇敢向前走。他靠近怪兽，仔细观察，这是他见过的最奇怪的鼻子：鼻毛超长，立在外面，而鼻子本身却很光滑，没有一点儿毛。这个时候，滋滋注意到，在鼻子的底下有一个洞。对了！这就是他的弱点！滋滋往洞口靠近，偷偷看了看，然后钻进去。然后，他跳起来了，滑了进去，跌跌撞撞进到怪物的肚子里。里面呢？里面是一粒粒完整的灰尘——被怪兽吃进去的灰尘。这么多食物！滋滋从来没有觉得这么饿过。鼻子不停挠他。他开始品尝美味。嗯——灰尘、面包屑、油脂和污垢。美味的垃圾，精彩的垃圾，令人钦佩的垃圾。这是滋滋生命中最伟大的盛宴！他像怪兽一样吃撑了，然后……睡着了！

完

（之后……之后菲菲和雯雯把他从怪兽口中救出来，但这是另一个故事了！）

第 45 章

“滋滋，别去了！”雯雯拦住他，把他拉到自己身边。

“看！有些箱子背后有多少灰尘！”菲菲也加入了。

滋滋停了下来，环顾四周——大盒子和小盒子后面真的积满灰尘。

“好吧，这样怪物就不会逃跑了。”吸粉虫表示同意，“睡觉的时候是跑不了的。”

“除非是在梦中逃跑。”一个毛茸茸的脑袋探出来说。滋滋、雯雯和菲菲抬起头来，看到某只生物从盒子里向外偷窥，她长得和吸粉虫很像。

“不好意思，你是吸粉虫吗？”滋滋好奇地抬起头问道。

“不是。我是咪咪。”这只皮肤黑、鼻子短的小虫子说着，从盒子里溜了出来。她的毛发美丽蓬松，黑白相间；她的鼻子不同寻常，顶部有一个个洞。滋滋非常喜欢她的毛发，但是不明白为什么她的鼻子有洞。

“当你吸灰尘时，它们不会从这些洞里漏出去吗？”滋滋问道。

“什么？”咪咪不明白。

“就是这样，看。”吸粉虫说，然后开始四处转。他把灰尘托起来，展示着应该怎么吸灰尘。然后，他又托起更多灰尘，展示着应该如何更强烈地吸。最后，滋滋停下来，因为他的肚子变得很重。他坐在地上，感觉自己有点儿困了。

“这些洞是为了发出音乐而存在的。”咪咪解释道。她在鼻子里吸满气，然后开始堵住上面的洞，发出非常美妙的音乐。滋滋感受到自己是如何睡着的。菲菲和雯雯也因为美妙的音乐而渐渐入睡。

“别，别睡！”咪咪叫起来，大家吓了一跳。

“为什么？”滋滋不明白，“我吃完饭最喜欢睡觉了。”

“当我用鼻子演奏时，所有生物都会睡着，但是没有人哄我睡觉。”咪咪解释着，很伤心。滋滋想啊，想啊，感觉自己的眼睛又要闭上了。然后，滋滋又想到吸尘器，就马上醒了。

“我有办法了。”滋滋建议，“为什么我们不进到盒子里呢？”咪咪勇敢地爬上去，打开盖子。雯雯飞进里面，而菲菲是爬进去的。只有滋滋有一点儿小问题，因为他的屁股很重。最后，所有小生物都进去了，里面的蓝色衬衫虽然旧，但是很软。

“我会抱着你，这样你会很容易睡着。”滋滋解释道，“如果被抱着，那么很快就会睡着。”真的，滋滋抱着咪咪，雯雯抱着滋滋，而菲菲则抱着他们几个。盒子里传出轻柔的小夜曲。滋滋睡着了，雯雯和菲菲入睡了，咪咪也进入梦乡。在很远很远的地方，在另一个房间里，有一个小小大人醒着，正在读书。

完

第 46 章

就这样，他们来到了厨房。滋滋伸出灵敏的长鼻子开始吸啊吸，但没有吸到任何灰尘。他只能说：

“很干净！”

之后，菲菲和雯雯也溜进来了。

“很黑！”灯灵灵说。然后，嚯，一个红色的灯正对着他们闪了一下。

“吓！” 一个巨大的白色机器在角落里尖叫，菲菲很快躲在门后面。

“吓！”声音从他们旁边的壁橱里传来，“吓——吓——”

菲菲躲在更加后面的门，连雯雯也溜到她旁边。

“嗨！我认识这个声音。”吸粉虫说。

“吓！”这个熟悉的声音从柜子里传出。

滋滋走上前去敲门。

“嗯……”里面的声音说道。不久之后又是“吓！”

“表哥！”吸粉虫喊道，然后又开始敲柜子，“表哥！”里面的打鼾声停止了，传来新的响声——嘎吱一声，门开了。嘶……柜子里先探出来一个长鼻子，然后出现吸粉虫毛茸茸的头。

“来吧，来吧，”滋滋向菲菲和雯雯挥手，“这是我的表哥茨茨。”

“很抱歉，”茨茨说，“我有点儿累，就躺下来休息。我没想到这个时候有客人。”

菲菲和雯雯走上前来。茨茨体形更大，头上绒毛更多，鼻子更长。红色的毛发覆盖住他的整个身体。滋滋和茨茨是从小一起长大的。一起玩，一起跳，一起在灰尘中打滚。但有一天，茨茨的家人决定搬家到厨房里，因为听说那里有更多灰尘。

“你怎么样，表哥？”滋滋问道。

“我们很好，我们很好。”茨茨坐在盐罐上疲惫地说。菲菲和雯雯走上前来，观察茨茨的房间。茨茨摆了几个盒子，在洋甘菊袋上盖了一张床。

“最近我们那里很干净。”滋滋最后说。

“哦，怎么和你说呢？这里也经常打扫，经常打扫，”茨茨解释道，“但是不要着急！我知道在沙发右边有一个地方，那里没人打扫。”就这样，他开始讲述这个秘密地方。那里聚集了成堆的灰尘、污垢，甚至还有两个被遗忘的玩具。

“很脏啊！”茨茨很兴奋地说。

“有那么脏吗？”菲菲不满地说。

“整天都很脏！”茨茨说完，吸了一片挂在皮毛上的洋甘菊叶子。“真的那么脏？”雯雯也有点儿讨厌那里了。茨茨开心地跳起来，被鼻子里的一口唾液呛住了。

“我们快走吧，表弟！”他说。滋滋叹了口气，坐在另一个罐子上，里面装的并不是盐，而是胡椒。他快速向前奔去，和表哥在一起。他想邀请菲菲和雯雯，但她们一点儿也不喜欢脏东西。滋滋想，她们一定认为自己是脏脏的吸粉虫。

– 滋滋会和表哥一起出发，让菲菲和雯雯去做自己的事（请翻到第 47 章）？

– 还是会邀请她们一起去沙发那里（请翻到第 48 章）？

第 47 章

茨茨继续讲述沙发背后令人难以置信的污垢。滋滋觉得鼻子越来越痒。

“我要和表哥走了，”他一边说一边挠痒，“我就去一会儿，看看是否真的有那么脏。”

“我们可以等你。”雯雯说。

“不，不，”滋滋说，“我们可能会很慢，不知道会到什么时候。”

就这样，他们决定分开。雯雯拥抱了滋滋，滋滋又拥抱了菲菲——他们抱成一团。茨茨不耐烦地走来走去，口里讲着美味的灰尘。最后，两个表兄弟一起出发了。

“他们在那里吃饭，食物碎屑弄得到处都是，没有人清理。”茨茨解释道，“棒极了！”

两只吸粉虫快速奔到沙发上。他们绕到一个玩具车上，那是孩子玩的小车，停在墙角里。他们转了个弯，很快溜到沙发后面。

“看！”茨茨指着身后的某个地方骄傲地说，“这都是我们的！”

“什么？”滋滋不明白。

“这个，”茨茨说着，转过身来。他非常惊讶，那里没有任何灰尘！他真的非常惊讶！

“我睡觉的时候他们清理干净了，”茨茨说着，鼻子低垂下来，“我只睡了一会儿，就一小会儿啊！”

滋滋的鼻子也低垂着。两只吸粉虫坐在地上，地面干净得闪闪发光。所有东西都这么干净！突然，茨茨跳了起来，他的鼻子和脚也一起跳了起来。“还有一个地方！很近——就在冰箱后面。”

还没等滋滋回答，茨茨就跑向那边，滋滋几乎赶不上他。一个多动小灵惊讶地看着他们。吸粉虫溜到巨型白色机器后面，奇迹！那里……那里没有人清理过。什么污垢都有，甚至还有一块发霉的面包。

“这是什么？”滋滋问道，他从来没见过霉菌。

“啊，这个吗？”茨茨用指头刮下又蓝又绿的玩意儿，“这是世界上最美味的东西！”他说着，吸了吸自己的皮毛。

就这样，两只吸粉虫吃啊吃啊，直到吃撑了。他们甚至还在想霉菌之歌。这是一首非常好听的歌曲，但是他们唱不了，因为他们嘴巴里塞满了这个世界上最美味的东西。

完

第 48 章

“来吗，我的朋友们？”滋滋问道，转向雯雯和菲菲。

灯灵灵挠了挠鼻子。

“来！”菲菲同意了，“是吧，雯雯？”

“会很脏吗？”灯灵灵问。

“非常脏！”茨茨肯定地说。

“哦，好吧。”雯雯用鼻子叹了一口气，抖动着翅膀。

“太好了！太好了！”滋滋和他的表哥欢呼着。他们伸开腿，走出正步，前进得很快，还唱着年轻吸粉虫国的国歌。

向深度肮脏前进，在黏稠的粉末里，
有什么就吸什么，我们不怕垃圾！

一个驾驶玩具车的小不点儿停了下来，给他们让路。首先是唱歌的茨茨和滋滋，然后是跳舞的菲菲，最后是雯雯。雯雯一边看着小车一边思考：“这是什么发动机？”

所有小生物都到了角落里，转到沙发后面。

“看！”茨茨说着，指着身后的某个地方，“从头脏到尾的小脏脏！”

“啊，也没有那么脏。”雯雯说，“甚至算得上是有点儿干净！”

“啊，干净？”茨茨不明白，转过头去。他看到了什么？一切都闪着纯净的光芒，弥漫着柠檬的味道。什么灰尘都没有！

两只吸粉虫静静地坐在地板上。

“我的肚子非常饿。”滋滋说。

“我的肚子更饿。”茨茨说。

雯雯悲伤地看着他们两个，然后飞走了。

“啊，也不算很干净，”菲菲说，“看，我找到半个花生。”

扶手椅美人把这半个花生分成两半，分给滋滋和茨茨。他们马上就吱吱地吃掉了。

“小心！”雯雯叫起来，从桌子上向他们飞过来。有一个盒子在空中打转，垃圾洒落在吸粉虫身上——面包屑、橄榄、盐粒、黑胡椒，直接进到他们的鼻子里。

茨茨打了个喷嚏，面包屑从他的头发上散落出来。

滋滋也打了个喷嚏，盐从耳朵里蹦出来。他高兴地舔着自己的三个手指。

接着，茨茨踩到金属箔片上，然后抬起爪子——整个都沾满了巧克力！滋滋也尝了尝巧克力。还有菲菲。甚至连雯雯也尝了一口。她舔了舔手，然后又飞到空中，看着滋滋，心里想：这是我见过的最开心的吸粉虫！

完

第 49 章

“这个柜子这么神秘，”毛茸茸的吸粉虫摇了摇头感叹道，“甚至连里面的灰尘也很神秘！”

滋滋用鼻子指了指。菲菲和雯雯看了看紧闭的门。

“灰尘几年来都没有打扫干净。”滋滋兴奋地说，“有事情发生了，就变成了奇迹！”

讲到这里，他的鼻子不知为什么特别痒。这是一个非常神奇的鼻子，但是有时会犯饿。滋滋加快脚步，屁股一晃一晃的。雯雯和菲菲几乎赶不上他和他的屁股。吸粉虫来到门口。

“现在，我们只需要把这个东西移走。”滋滋说，用鼻子包住一个小小的突出来的把手，然后使劲拉。衣柜里飘出一股旧灰尘的气味。滋滋的鼻子痒极了，它像弹簧一样弹出来，抱住扶手，用尽全力地拉。拉呀拉，但是把手丝毫没有移动。这个时候，雯雯和菲菲也来抓住吸粉虫，和他一起拉。一、二、三——把手动了！扶手椅美人抱成一个球，灯灵灵在她旁边帮忙。突出来的东西夹住了滋滋的鼻子。

“出来啊！出来啊！”扶手椅美人到处乱发力。

“好痛啊！好痛啊！”被夹住鼻子的吸粉虫叫起来。

“我有办法了。”雯雯加入进来，“我们将把手抬起来。”

“你要扯我吗？”吸粉虫的鼻子有点儿不同意。

雯雯和菲菲用尽全力拉着，终于在某个时候，“乓”的一声，鼻子解放了。

最后，他们走进秘密柜子，小心翼翼，一步一个脚印。里面有一件旧夹克和两条连衣裙，都是被遗忘多年了，就挂在小生物们上方。旧箱子和罐子立在两边。还有一袋的衣服。所有东西都埋在灰尘里！

“难以置信！”滋滋的鼻子说。鼻子不再疼痛，而是开始发痒。在吸粉虫的面前，小尘埃开始跳舞。滋滋很快吸进了一粒尘埃，甚至吸进五粒、八粒、九粒更大的尘埃。嗯——这古老而神奇的尘埃温暖了这只小生物。这么甜！滋滋像刺猬一样毛发直立起来。他的鼻子还在寻找灰尘。

“停下来！你的鼻子犯法了！”一只穿着制服的绿毛怪宣布道。

“你们有吸灰尘的许可证吗？”第二只绿毛怪问道，咧嘴笑了。

滋滋疑惑地看着菲菲和雯雯。扶手椅美人决定帮忙，于是她走上前来，说道：

“他没有许可证！”

绿毛怪睁大了眼睛。

“为什么？你们为什么没有深深吸、浅浅吸、慢慢吸、快快吸、向前吸、向后吸的许可证？”绿毛怪整了整自己破损的制服问道。

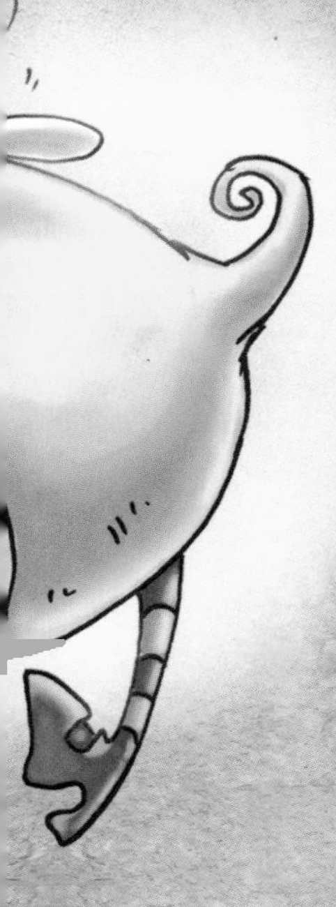

菲菲决定这次不帮忙了。

“我觉得，你们必须和这只大的绿毛怪走！”其中一只绿毛怪宣布，并严肃地挠了挠自己的角。

“但你们是谁呢？”菲菲问道。

“我们是秘密衣柜的秘密警察。”绿毛怪说着，咧嘴笑了起来。

“弗林特，我们是秘密的，对吧？”这只绿毛怪转身对另一只绿毛怪说。

“我们非常隐秘，卢比。” 弗林特表示同意。

滋滋感觉鼻子又痒了，几粒神奇的灰尘在他前面跳舞。

–滋滋会拒绝跟着绿毛怪走（请翻到第 50 章）？

–还是会同意（请翻到第 51 章）？

第 50 章

“我不会离开这里！”滋滋说，然后生气地一屁股坐在地上。

“但是，但是，不能这样，”一只绿毛怪很生气，“法令中写明，违法者必须和我们一起走，是不是，弗林特？”

弗林特拿出文件，开始阅读。

“对，”弗林特说，“这里是这么写的。”然后，他指了指自己的文件。

这个时候，滋滋开始吸灰尘，然后满意地咀嚼。

“等等！等等！”绿毛怪叫道，“你又违反法令了！”

吸粉虫发现了一粒巨大的灰尘，违反了一项严重的法令。

“如果他不愿走，我们就带他走，弗林特！”

“不！”雯雯叫起来，抓住吸粉虫。菲菲抓住雯雯。绿毛怪开始四处走，过了一会儿，消失在一本书后面，那本书写着“小精灵的大冒险”。

滋滋高兴地环顾四周，滚进了神奇的灰尘里。他又滚又吸，又吸又滚，等吸饱了灰尘之后，他已经懒得滚了。

过了一会儿，绿毛怪回来了，还带了另外三只绿毛怪。

“是她吗？”其中一只绿毛怪指了指雯雯问道，“她看上去违反法令了。”

这个时候，滋滋几乎已经吃撑了。几乎，因为还差一点儿。他肥肥的肚子里只剩下很小的空间。他看到一粒灰尘，体积和他肚子里的空间一样大，于是就贪心地吸了进去。

“啊，这就是违法者！”绿毛怪看看滋滋，他已经吃撑了。

“他已经成了一个大罪犯！”弗林特说，“我们要把他带走吗？”

“最好再等多一些绿毛怪过来。”话音刚落，所有绿毛怪都消失了。

过了很长时间，或是很短时间，不知道究竟多久，一群绿毛怪回来了。但滋滋已经不在那里了。因为他吃了太多神奇灰尘，已经睡着了，来到了梦的国度。

完

第 51 章

“好。”滋滋同意，耷拉着鼻子，“我和你们一起走。”

“我们也一起。”雯雯说。

“不行。”一只绿毛怪说，“是不是不可以，弗林特？”

“不可以，”弗林特表示同意，“你们的鼻子并没有违反法令。”

雯雯想了一下，环顾四周，看到一粒很小的灰尘。她用自己的小鼻子将它吸进去，但被呛到了，然后咳出来。垃圾——垃——圾！菲菲也发现一粒小灰尘，吞了下去。她皱了皱脸，强忍着没有吐出来。

“停下！你们有吮吸许可证吗？包括深深吸、浅浅……”

“对！对！”雯雯不耐烦地打断道。

“你们有？”绿毛怪觉得很惊奇。

“没有。”

“这样你们就必须和我们一起走。”

就这样，他们离开了。一只绿毛怪在前面走着，而另一只在后面驱赶着。他们转到一大堆旧书后面，到了一个洞口，上面写着“中心秘密的秘密中心”。弗林特整了整自己的制服，然后溜进洞里，过了一会儿又从洞里跳出来。

“你们有从秘密洞穴里进出和上下的许可证吗？”他问起来。滋滋摇摇头。绿毛怪又溜进去，然后带着三张纸跳出来，每张纸上都打着洞。

“洞穴进出许可证。”他解释道。就这样，他们进去了，沿着秘密通道，走到一个巨大的秘密大厅。墙上布置着人们的游戏地图。

“我向你们介绍一下绿毛怪大人。”弗林特说，然后指向一个巨大的宝座，上面坐着一只小一点儿的绿毛怪。一只小绿虫走近宝座后，带来了文件。

“嗯，”小绿虫说，开始阅读文件，“这样，深深吸，对，浅浅吸，有意思，你们要许可证，是吗？”

“对。”滋滋、雯雯和菲菲说。

“我会颁发给你们许可证，但你们必须成为绿毛怪。”他解释道。

“怎么做到？”滋滋不明白，“我是吸粉虫。”

“没事。”领头绿毛怪说，“你会成为吸粉虫绿毛怪。重要的是文件上写的东西。这样他们就会发许可证给吸粉虫绿毛怪、扶手椅美人绿毛怪和灯灵灵绿毛怪。”但是菲菲和雯雯把自己的许可证给了滋滋。也许你们想知道这三张许可证能带来什么样的美味体验——神奇粉末、魔术粉末、秘密粉末……但如果仔细讲下去，这本书都不够写。

完

第 52 章

雯雯抬起眼睛，看到走廊上奇怪的灯。又长又亮的灯管发着光，闪烁。“发光灵。”她想着。灯灵灵听过关于小小亮亮的生物的传说。

“我要向上行！”雯雯说。

“那我们呢？”菲菲问道。

“我会回来的。”雯雯说，然后翻身向灯管方向飞去。她敲了敲灯管尽头的圆盖。嘣——嘣！

“谁住在这里？”里面传出一个声音。

“这大概是暗号。”灯灵灵想了想，然后说，“发光灵！”

圆盖的门打开了。里面飞出来两个发光灵守卫。他们看上去像发光的小苍蝇，但长着美丽的尾巴——就像蜥蜴那样。两个守卫手里握着小巧明亮的针。但是发光灵太小了，这让他们手里的针看起来像是巨大的剑。

这个时候，菲菲和滋滋已经开始去旅行了。他们沿着一条小路，边走边交流。

“我们去找杯子到底去哪里了。”滋滋解释道，“立刻，立刻，在我们找到小灰尘之后。”

他到了某个地方，吓了一跳。他对面的吸粉虫也吓了一跳。过了一会儿，菲菲也来了，嚯，一只扶手椅美人从另一个方向出现了。菲菲向她招手。对面的扶手椅美人也向她招手。

“奇怪的事情发生了。”滋滋轻声对菲菲说。在另一个方向，另一只吸粉虫也偷偷和另一只扶手椅美人说话，但是滋滋他们听不到，因为是秘密。

“她看上去就像你一样。”滋滋说。

“我不是更瘦吗？”菲菲暗自思考。

同一时间，灯上面也有故事发生。从灯管里出来了很多发光灵守卫。他们排成两排，庄严地抬起了自己的针，也就是剑。灯里飞出来几只发光灵长官。他们得意地吹着用吸管做成的号管，然后摇摇尾巴。突——突！雯雯气喘吁吁。然后，里面慢慢走出发光灵女王。她比其他发光灵大——几乎赶上雯雯了。她整个身体闪耀着白色，头上戴着皇冠——颠倒的啤酒瓶盖。雯雯深深鞠了一躬。灯里又飞出几只发光灵。

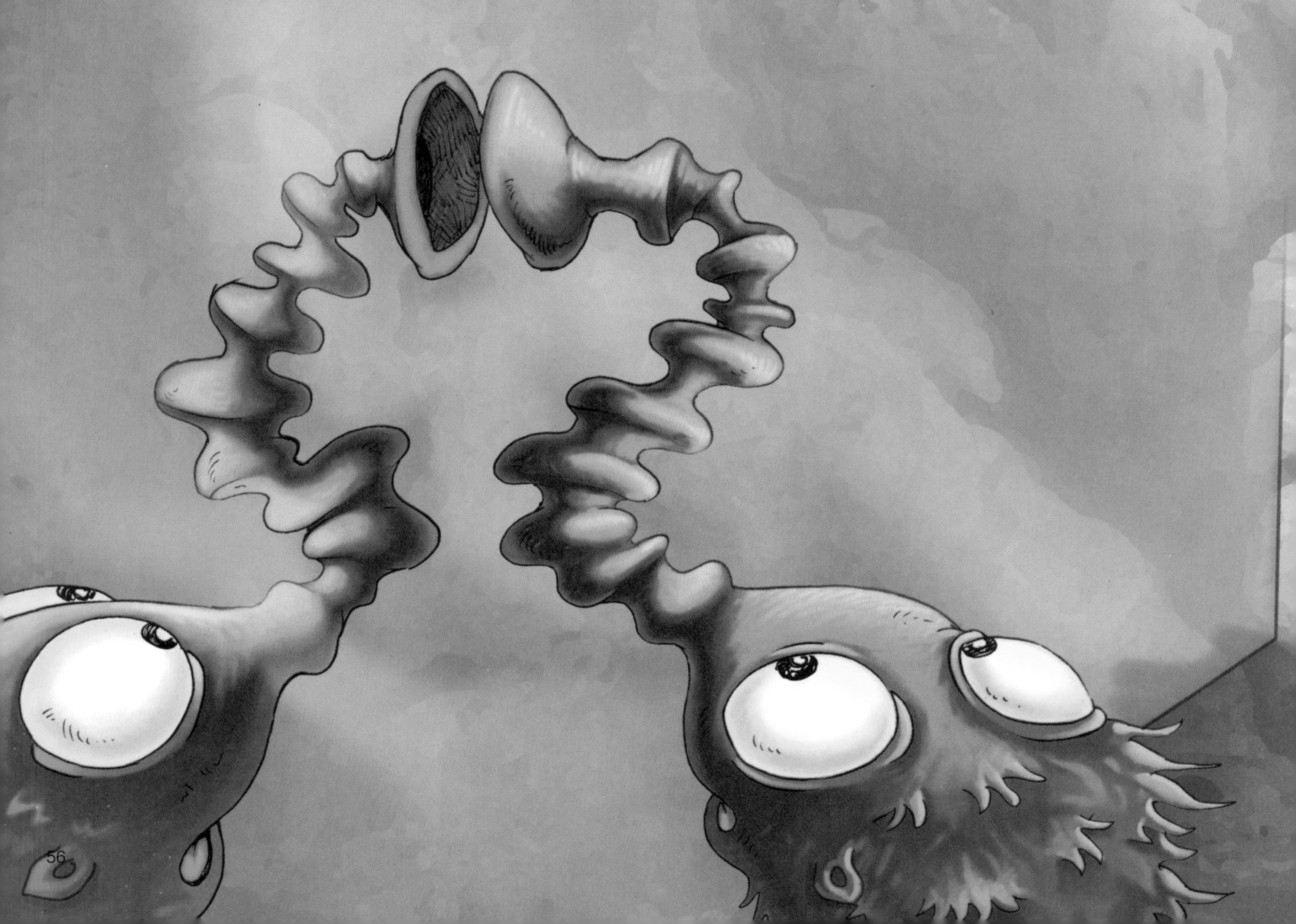

“你们要去哪里吗？”灯灵灵问道。

“大人的世界变了。”女王说，她的声音听上去像是悲伤的歌曲，“人们变了。他们已经忘记了灯。我们在这里的日子到头了。”

灯里又飞出来几只发光灵，手里抱着发光灵宝宝。

“你想和我们一起走吗？”女王问道。

“去哪里呢？”雯雯说。

“去不死之地，经过光之通道。”

这个时候，灯下面传来喊叫声：“雯雯！”滋滋和菲菲向她挥手，“来呀，这里还有另一只扶手椅美人和另一只吸粉虫。”

雯雯想着自己该怎么做。

-她会回到菲菲和滋滋那里（请翻到第53章）？

-还是和发光灵一起去不死之地（请翻到第54章）？

第 53 章

菲菲沉默着，思考着，看着另一只扶手椅美人。滋滋和另一只吸粉虫饿了，正在找食物。

“嗨，看，”菲菲跳起来，“又一只灯灵灵出现了！”滋滋惊奇地转过头。

“真的。”雯雯说着，降落在他们身后。

菲菲和滋滋满心疑惑，不知道哪个是雯雯，哪个是另一只灯灵灵。雯雯向他们挥挥手，靠近他们，而另一只灯灵灵也向他们挥挥手，飞过来。

“她叫我们走。”菲菲说，靠近那个奇怪的透明屏障。

另一只扶手椅美人也从另一边靠近。她们尝试触碰彼此的爪子，但是奇怪的屏障阻挡了她们。这个时候，滋滋沿着走廊走远了，另一只吸粉虫也在某处消失了。

“有人把所有地方都打扫过了。”滋滋带着愤怒，环顾四周，来回摇摆。另一只吸粉虫开始来回摇摆……“哈！”滋滋突然恍然大悟，“他找到食物了！”他急忙赶回来，到了屏障前面，在旁边仔细观察。

雯雯坐了下来，伸展双腿，仔细擦了擦翅膀，经过这么多冒险，它们已经很脏了。灯灵灵听到声音，抬起头。一排发光灵在她上面飞过，照亮了夜晚的天花板。

“我找到了！我找到了！”滋滋叫了出来，用鼻子指着屏障边上的东西，“这里有通道！”菲菲很快跑过来，而雯雯飞了起来，把头伸进洞里，开始检查。

“嗯，这是一条肮脏的通道。”雯雯说，看了看自己刚刚擦过的翅膀。菲菲看了看自己的裙子。吸粉虫哪里都没有看，因为他的目光完全被肮脏的通道吸引住了。他的鼻子跌跌撞撞地伸进了洞里，开始尽情地吸。他不停地吸，鼻子拉得像一条口香糖一样，拼命向里面伸。

“这是一条非常干净的通道。”滋滋说完，生气地一屁股坐在地上。

菲菲的胡子一抖一抖，眼睛往周围看，但什么都看不到。

“这是一条非常黑的通道。”她说。

“我会引导你们。”雯雯扇动自己色彩斑斓的翅膀说。她颤抖着，屁股在黑暗中发光。灯灵灵在通道中带着他们前进。

通道之前是干净的，现在脏了。从脏变到更脏！“啊，没事！”雯雯想着，她的想法第一次正确组合出道理。“有时候你必须弄脏自己的翅膀，照亮别人的路。”她说。

就这样，小生物们从另一个方向出来了，但他们又遇到了另一只吸粉虫、另一只扶手椅美人和另一只灯灵灵。但这是另一个故事了。

完

第 54 章

“我会和你一起去的。”雯雯说。女王微微点了点头。

“那你的朋友呢？”她指着菲菲和滋滋问道。雯雯悲伤地看着吸粉虫和扶手椅美人。

“他们不能飞。”菲菲向她招手。滋滋也向她挥舞着三个爪子。雯雯很伤心，朝他们飞去。

“我们会和你一起去。”菲菲说。

“是的，我会和菲菲一起去。”滋滋说。

“但是我们要飞。”雯雯说。

“我们会跟在你后面走。”菲菲说。

“我们会找东西吃。”滋滋说。

雯雯停顿了一下，又回到了女王身边，正打算问她，发光灵女王已经开始回答：

“是的，他们可以来。你的朋友也是我们的朋友。”

最后，发光灵都准备好要离开了。守卫们保护着那些抱着宝宝的发光灵。长官们飞在最前面，摆动着小尾巴，在前面吹着号角。“很多发光灵从这里经过，保护自己！建造马路！”发光灵工人回答：“发光灵最后一次行军，终极路上再见！”雯雯飞到女王身旁，用力地发光，几乎像女王一样。发光灵的翅膀上掉下闪闪发光的发光粉末。发光粉在走廊里飘着，然后掉到地上，为滋滋和菲菲画出一条发光的小路。吸粉虫和扶手椅美人就跟着发光轨迹前进。就这样，所有小生物都到达入口的大门。这也是出口的大门——取决于你从哪个方面考虑。但是不管怎么看，门都是锁着的。

“这是光明通道。”女王说。

“没有看到。”雯雯说着，开始思考。她飞向滋滋，但是在飞行途中有东西吸引了她——铁片从门里伸出来。雯雯落在上面，看着铁片，突然，她像火箭一样发射上去。呼！乓！直接飞到女王边上。

“亲爱的女王陛下，”雯雯说，“我有想法了。”

灯灵灵在边上叫发光灵守卫，开始描述自己的计划。他们排成两列，跟着雯雯，来到铁片上，听着灯灵灵的命令，将剑——也就是针，塞到锁孔里，转起来。突然传来爆裂的声音！入口的门打开了，光明通道出现了。女王喘着气，飞到雯雯那里，从头上取下帽子，翻过来，变成闪闪发光的王冠。

在灯灵灵的带领下，发光灵、吸粉虫和扶手椅美人穿过光明通道，来到童年幻想的不死之地。

完

第 55 章

小生物们走近秘密柜子。

“看，是关上的。”扶手椅美人指着突出的把手说。

“当然是锁上的。”滋滋说，“这可是秘密柜子！”

“越是秘密，越是要锁上。”雯雯加入谈话。

“嗯，那这就不是很秘密了。”菲菲解释，“只有一个扶手。”菲菲按下去，但是把手卡住了，没有动。菲菲按得更加用力了，“没有动！”

“你看，多隐秘啊！”滋滋说。

“里面有秘密手电筒，对了。”雯雯高兴地说。她听过传说，手电筒里住着最古老的灯灵灵。他很聪明，因为他读了很多书，关于岛屿、海洋、恐龙、公主，甚至——火箭！

“就这样。”滋滋说着，把大屁股压到把手上。他把自己全部体重加在把手上，把手摇摇欲坠，吸粉虫也摇摇晃晃，然后“砰”的一声撞到地上。柜子门打开了！

雯雯首先往里面窥视，非常惊讶。

后来菲菲和滋滋也往里面偷看，更加惊讶。

里面正在准备一些非常特别的东西。旧箱子和被遗忘的文件夹之间装饰着闪闪发光的玻璃球。架子之间挂着花环。一只小天使从里面飞了出来，洒下装饰用的雪。还有一个蓬松的小天使唱着美妙的歌。一位小勇蜥牵着一位小善美的手，看着她的眼睛。小勇蜥穿着完美的深红色西装，露出长着绿色鳞片的尾巴。小善美盛装打扮，脸在白色连衣裙中显现出来。

“婚礼！婚礼！”菲菲叫着，开心得跳了起来。

“婚礼！”雯雯也很开心。

新娘和新郎被吓了一跳，他们没想到会有客人。之后，他们互相交换了几句话，转向客人。

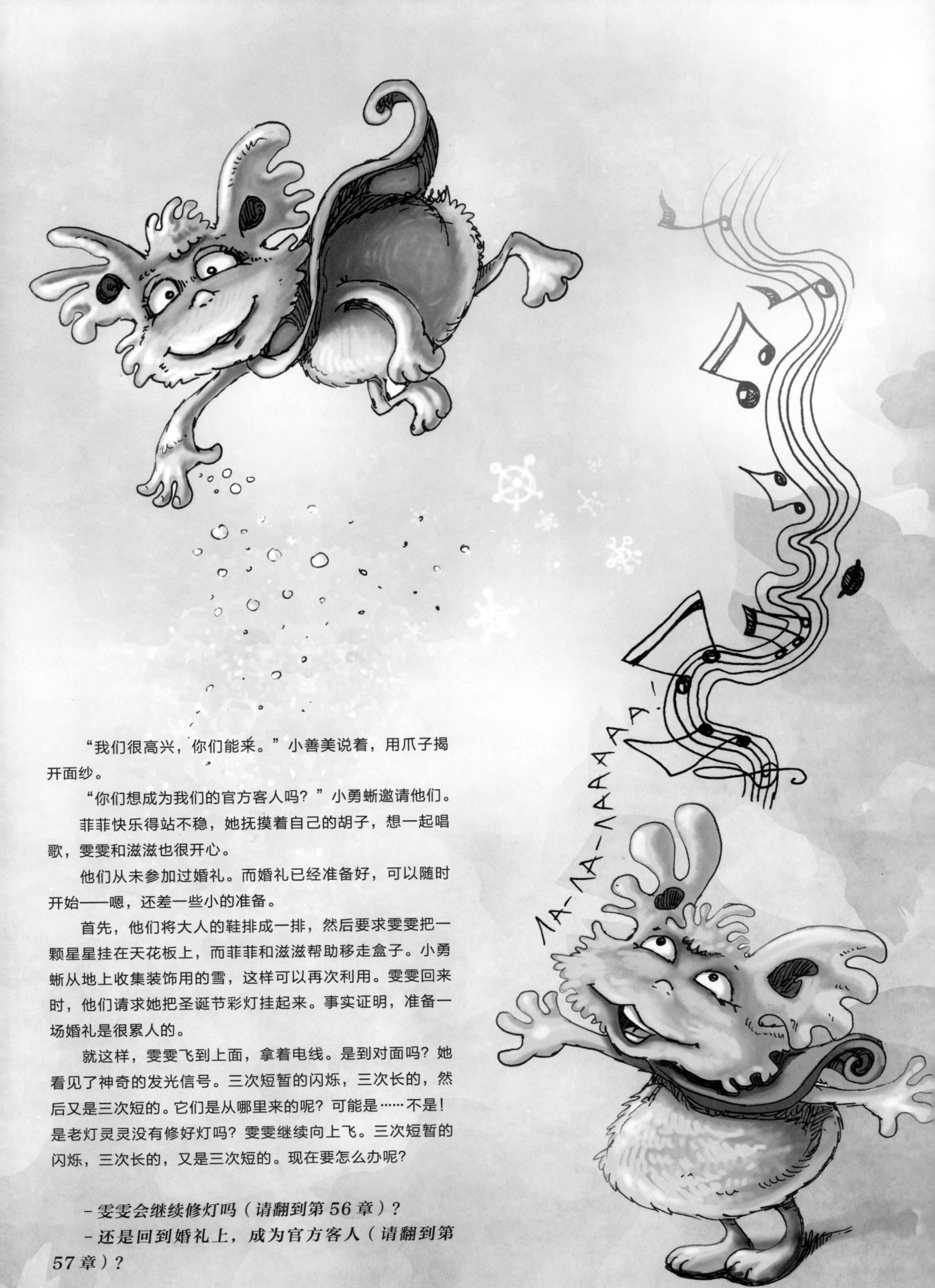

“我们很高兴，你们能来。”小善美说着，用爪子揭开面纱。

“你们想成为我们的官方客人吗？”小勇蜥邀请他们。

菲菲快乐得站不稳，她抚摸着自己的胡子，想一起唱歌，雯雯和滋滋也很开心。

他们从未参加过婚礼。而婚礼已经准备好，可以随时开始——嗯，还差一些小的准备。

首先，他们将大人的鞋排成一排，然后要求雯雯把一颗星星挂在天花板上，而菲菲和滋滋帮助移走盒子。小勇蜥从地上收集装饰用的雪，这样可以再次利用。雯雯回来时，他们请求她把圣诞节彩灯挂起来。事实证明，准备一场婚礼是很累人的。

就这样，雯雯飞到上面，拿着电线。是到对面吗？她看见了神奇的发光信号。三次短暂的闪烁，三次长的，然后又是三次短的。它们是从哪里来的呢？可能是……不是！是老灯灵灵没有修好灯吗？雯雯继续向上飞。三次短暂的闪烁，三次长的，又是三次短的。现在要怎么办呢？

－雯雯会继续修灯吗（请翻到第 56 章）？

－还是回到婚礼上，成为官方客人（请翻到第 57 章）？

第 56 章

雯雯继续朝着灯光前进。三长，三短，三……灯的电线并不适合。雯雯放开电线，跳了起来，然后飞向信号。三道短光直接照在她的眼睛上。她觉得眼前一阵眩晕——呼！呼！乓！雯雯撞到手电筒玻璃里。从里面听到一些响声。手电筒的盖打开了。哧——哧——从里面走出来世界上最老的灯灵灵，简直是灯灵灵长老。他长着长长的白胡子和白头发，思维缓慢而富有逻辑，头上戴着一个生锈的啤酒瓶盖，翅膀已经失去了原有的颜色。他靠在一根古老的火柴棒上，屁股发着微光，随时可能熄灭。

“你还好吗？”他问道。

“没有什么时候比现在更好了。”雯雯回答。

“你是在找东西吗？”灯灵灵长老问道，“来吧，来吧。”他靠在火柴棒上，带着雯雯走到手电筒里面。进去了之后，灯灵灵环顾四周。

“说吧，现在，你想知道什么？”灯灵灵长老问道。

雯雯陷入了思考。她想知道怎么样可以飞得更快，怎样可以建造火箭，为什么滋滋喜欢脏东西和其他一千个脏玩意儿。但是她最想解开灯光之谜。为什么大人们一直开着灯？为什么呢？雯雯没有任何时间休息和做梦。

“我会告诉你一个故事，”灯灵灵长老坐在手电筒里的地上说，“但这是一个可怕的故事，里面有怪物。所以，每个晚上，小小大人们都拿着手电筒溜到秘密柜子里。我们走到床边，藏在被子下面，一起读了一个可怕的故事。里面满是怪物。”

“怪物长得像什么？”雯雯看了看自己的鼻子问道，她想起了滋滋的六条腿和菲菲的大脸。

“看起来像什么吗？都是大人，做坏事。所以小小大人晚上害怕，想让灯一直亮着。”

“但是，但是，”雯雯说，“你说这是为什么呢，我们这本书是关于不是怪物的怪物，有六条腿，有鼻子和翅膀，但是心地善良。”

“是的，小生物们，”世界上最古老的灯灵灵总结说，“我只会为好书发光，而这些关于大人的书就让大人们自己看吧。”

就像他说的那样，他屁股上的灯熄灭了。他的灰色翅膀从被怪物围绕的记忆中解放出来了。他的整个世界焕然一新，变得明亮了。

完

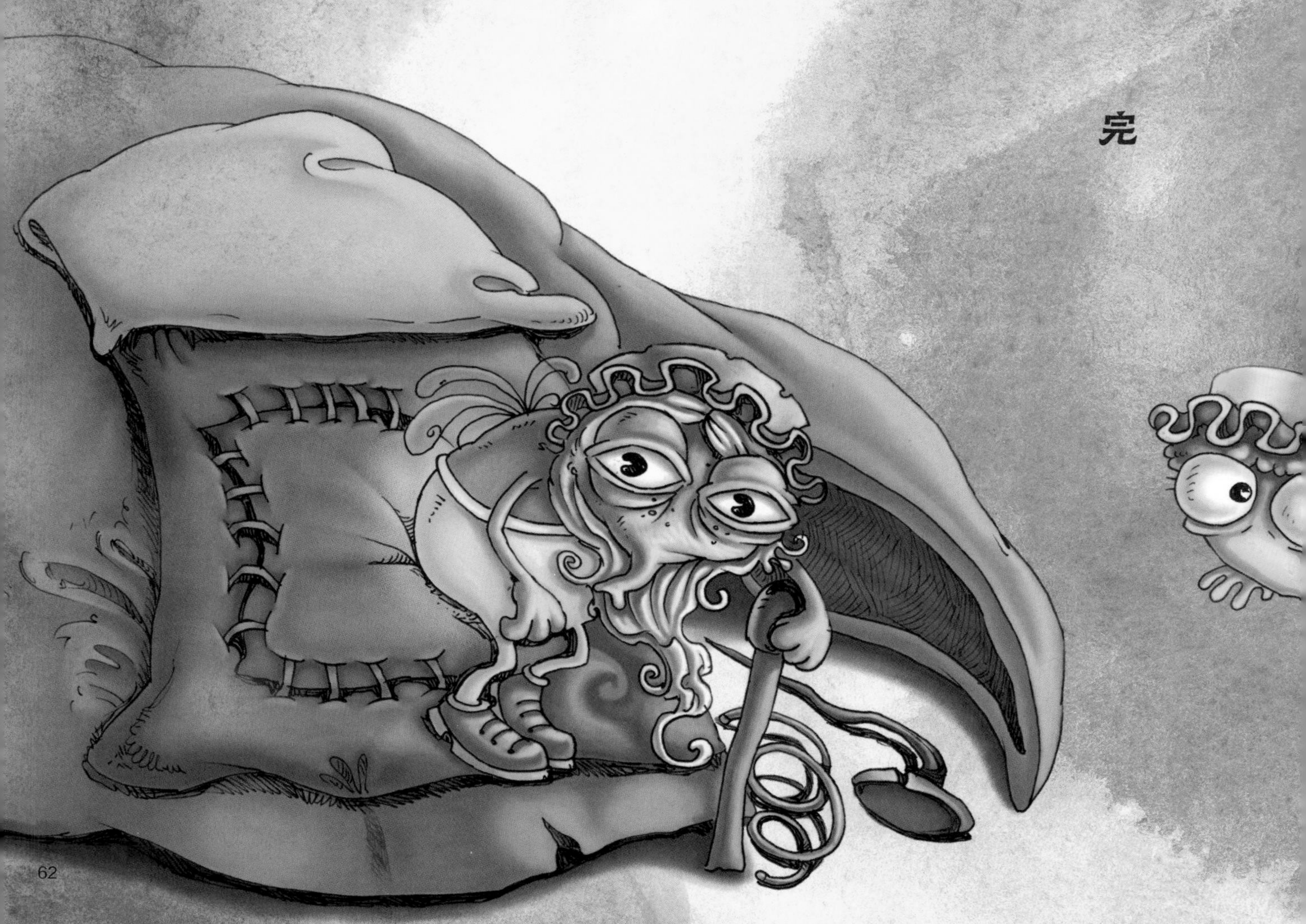

第 57 章

雯雯不能就这样留下自己的朋友。她飞起来，停在灯上——灯亮着蓝、红、绿的光——然后回来了。小勇蜥整了整自己的衣服，小善美照着镜子，涂着口红。滋滋和菲菲很开心地交流着。

“婚礼就是两个小生物相爱，在一起。”菲菲解释道。

“啊，这又怎样呢？”滋滋不明白，“这样的话，我们也结婚吧。”

“什么呀，你什么都不懂。”菲菲说。

“那我们三个一起结婚吧。”雯雯说着，落在地上。

“天哪！”菲菲用爪子挥舞着，心里想，“这些吸粉虫和灯灵灵根本不懂婚礼。”

小善美和小勇蜥向雯雯走来。

“你帮了我们很多。”小勇蜥说，然后高兴地摇摆着尾巴，“你愿意主持我们的婚礼吗？”

“但是，但是，我不懂什么是婚礼。”雯雯回答。

“一切都写在这里。”小善美说着递过来一张纸，是从绿毛怪那里拿来的。

“哦，是关于婚礼计划的。”灯灵灵很开心，“既然这样，我就可以照着读。”

之后，这对新婚夫妇邀请菲菲当伴娘，滋滋则成为伴郎。吸粉虫不了解情况，但还是同意了。看到滋滋这么快就同意，菲菲很开心。最后，一切都准备好了。雯雯看着纸上的内容，没有念出来，一直到看完了，才说：

“新郎可以亲新娘了。”

“不，不，”小勇蜥纠正道，“你必须从头开始。”

她开始了。其他小生物都仔细听着，想听明白她在说什么。

“你——小勇蜥戈什东盖尔愿意接受小善美珂珂米拉成为你的新娘吗？”雯雯问道。

“我愿意。”小勇蜥回答。

“你——小善美珂珂米拉愿意接受小勇蜥戈什东盖尔成为你的丈夫吗？”雯雯问道。

“我愿意。”小善美说着，点点头。

“我宣布，你们小生物，你们是两个小生物，但是一个——”雯雯明智地宣布道，“现在可以亲吻新娘了。”

就在这个时候，灯闪着蓝、红、绿的光，然后熄灭了！婚礼陷入黑暗中。雯雯看了看四周，飞到高处，发出亮光。她照亮了新郎和新娘，他们相互亲吻。然后，小勇蜥戈什东盖尔把自己的小善美珂珂米拉抱在怀里，走到柜子里面。菲菲和滋滋开心地跟在后面，手拉着手，而雯雯为大家照亮前进的路。这么久以来，她的想法第一次组合出正确的逻辑。“有时，”她想，“需要停下自己的旅程，去照亮别人的路。”

完

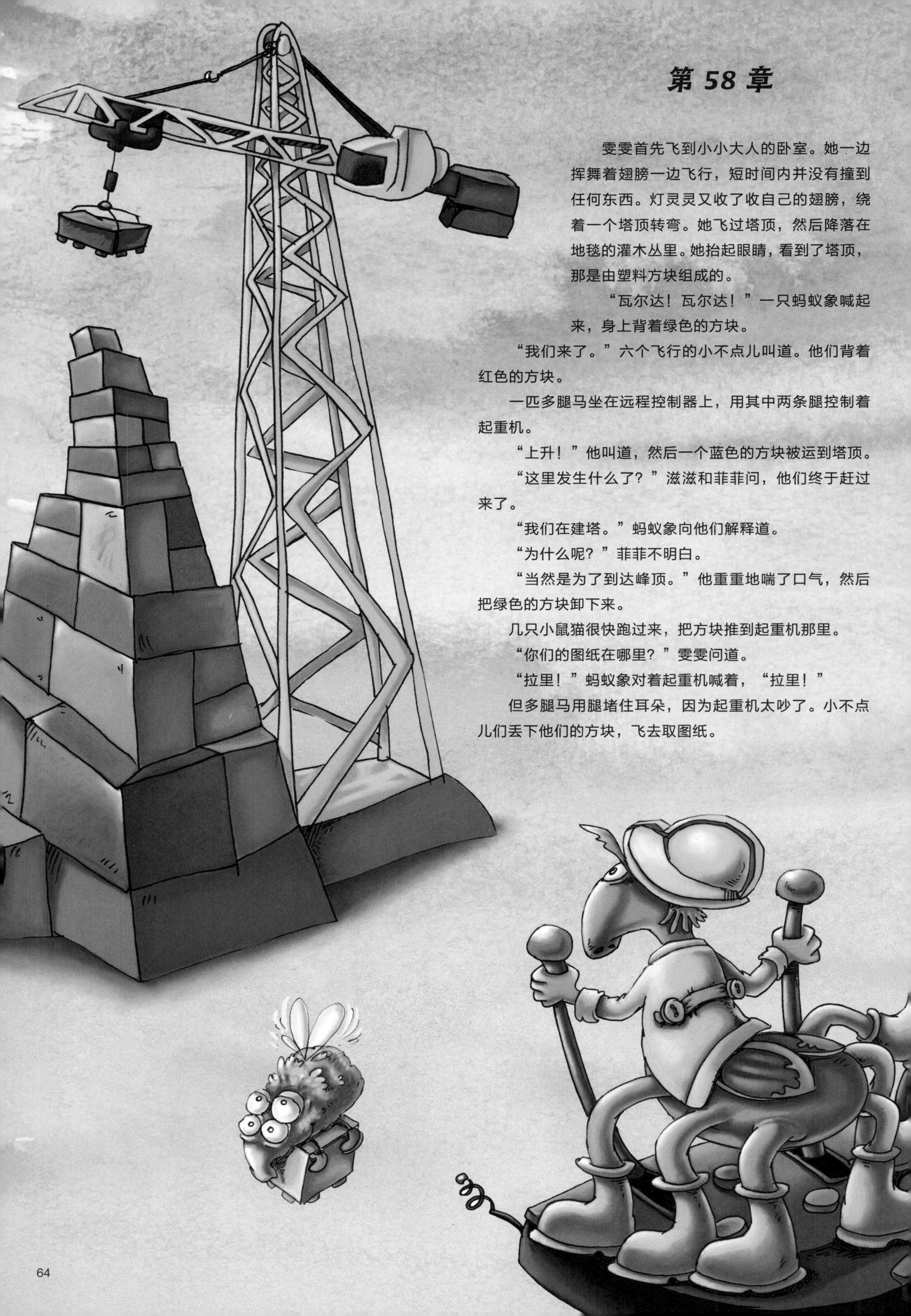

第 58 章

雯雯首先飞到小小大人的卧室。她一边挥舞着翅膀一边飞行，短时间内并没有撞到任何东西。灯灵灵又收了收自己的翅膀，绕着一个塔顶转弯。她飞过塔顶，然后降落在地毯的灌木丛里。她抬起眼睛，看到了塔顶，那是由塑料方块组成的。

“瓦尔达！瓦尔达！”一只蚂蚁象喊起来，身上背着绿色的方块。

“我们来了。”六个飞行的小不点儿叫道。他们背着红色的方块。

一匹多腿马坐在远程控制器上，用其中两条腿控制着起重机。

“上升！”他叫道，然后一个蓝色的方块被运到塔顶。

“这里发生什么了？”滋滋和菲菲问，他们终于赶过来了。

“我们在建塔。”蚂蚁象向他们解释道。

“为什么呢？”菲菲不明白。

“当然是为了到达峰顶。”他重重地喘了口气，然后把绿色的方块卸下来。

几只小鼠猫很快跑过来，把方块推到起重机那里。

“你们的图纸在哪里？”雯雯问道。

“拉里！”蚂蚁象对着起重机喊着，“拉里！”

但多腿马用腿堵住耳朵，因为起重机太吵了。小不点儿们丢下他们的方块，飞去取图纸。

“为什么你们要到峰顶呢？”菲菲好奇地问。

雯雯吓了一跳，焦虑地眨眨眼。她看到塔朝着小夜灯的方向建造，灯闪闪发光，一个灯灵灵出现在那里。她的身体更小巧，翅膀更少，屁股的光也更微弱。

“诺诺！”雯雯高兴地叫出来。

“雯雯！”诺诺也很高兴。

“我们从什么时候开始就没有再见面了啊？”雯雯和诺诺用各自短短的鼻子相互亲吻。她们一起在火箭建造学校里学习，成为很好的朋友。

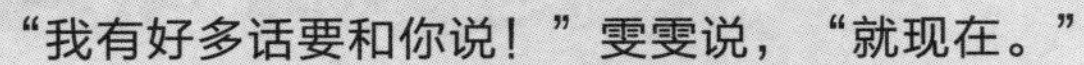

“我有好多话要和你说！”雯雯说，“就现在。”

“雯雯小姐！”小不点儿喊叫着，他们把图纸拿回来了。

雯雯飞下来，仔细看图纸。横看看，竖看看，左算算，右算算。

“我们会把它叫作巴比伦塔，根据巴比伦叔叔的名字来命名的。”蚂蚁象骄傲地说。“雯雯小姐。”一个小不点儿为了能听到她说话，一边说一边往上跳。“你把方块拿到上面是不是更容易？”雯雯抬头看了看方块，然后看了看塔，又开始算起来。如果高度乘以宽度，乘以另一个高度和这个宽度……

“嗨！”诺诺在上面喊，“你来吗？”

“等一等！”雯雯回答。

“我不能离开夜灯，”诺诺解释说，“小小大人会做噩梦的。”

雯雯非常想去诺诺那里做客，一起帮助夜灯发光发亮，但是她也想去帮助修塔。

这取决于你的选择。

-雯雯去朋友家做客（请翻到第 59 章）？
-还是留下来帮助修塔（请翻到第 60 章）？

第 59 章

“诺诺，我来了！”雯雯喊道，然后飞到夜灯那里。她的朋友出来迎接她，帮助她安顿下来。雯雯很开心地收起翅膀，靠在墙上。而诺诺焦虑地在附近搞卫生——整理东西，收拾碗筷，扫地。

“坐下，你快要扫到我这里了。”雯雯说着，向她挥挥手。诺诺紧张地走过来，坐在朋友旁边。雯雯抱着她。

“啊呀，你记得吗，我们要一起建造火箭的？”雯雯说。

诺诺吓了一跳。她记得自己曾经想建造火箭，但现在完全忘了。她站起来说：

“是，愚蠢的梦想。”

她屁股的光几乎要熄灭了。她又在附近扫地，然后开始准备自己的灯灵灵茶。

“为什么这样说呢？”雯雯说着，跳了起来，屁股瞬间发出强光。

“宇宙又宽广又可怕，”诺诺抓着自己的头盔解释道，“充满可怕事物的星球。小小大人的书就是关于宇宙的。”

“但是，诺诺，”雯雯说着，靠过来，把手搭在朋友的翅膀上，“我们只要降落在星球上，就不可怕了。”

这个时候，有东西在房间里相撞。诺诺吓了一跳，抖动着翅膀。

“小小大人做噩梦了。”她说，“就让灯一直亮着。”

雯雯也吃了一惊，她心里想着，这就是为什么自己的灯也一直亮着？

“对，没有休息。”她同意道，“我也不能画火箭图纸了。”诺诺很奇怪，又开始扫地，这回的茶不是灯灵灵茶。

“你还在设计图纸吗？”

“对，诺诺。你想和我一起建造火箭吗？”

诺诺很开心，四处打转，屁股闪烁着光。

“我不知道，雯雯，我没有时间。我每天扫地，发光，发光，扫地。”

“我会和你一起生活，一起发光，你先发光，然后我再发光。”

“是，是，”诺诺很高兴，小鼻子直立起来，“这样我们就会有建造火箭的时间。”

诺诺开始畅想着。两只灯灵灵戴上头盔，开始画图。他们旁边的小小大人在睡觉和做梦——飞向宇宙的梦。他顺着彗星和陨石飞，绕过了一颗星星，而远处出现两颗蓝色的星星、四颗红色的星星和六颗绿色的星星。

完

第 60 章

“诺诺，我要晚点儿再来。”雯雯回答，然后开始看修塔的图纸。嗯，图纸上塔是直的。但事实上，塔并不是很直，甚至有点儿倾斜。

“你们是遵循图纸施工吗？”灯灵灵整了整戴在头顶的啤酒瓶帽问。

“有时是，”蚂蚁象解释道，“有时不是。如果没有合适的方块，我们就会用其他方块。”

“我们必须推倒这座塔，”雯雯解释说，“再建新的塔。”

小鼠猫听到要推倒重建，就开始哭了。他们就喜欢这样倾斜的塔。

“拉里！”蚂蚁象叫起来，但多腿马又用脚堵住了自己的耳朵。小不点儿飞去把他叫过来。他很快就过来了，因为他有很多条腿。

“女士们，先生们，会有什么问题呢？” 多腿马问道。雯雯解释了起来，但是拉里什么也不明白，所以蚂蚁象也过来解释。之后是小不点儿解释。最后，哭着的小鼠猫也开始解释。

“能否麻烦你们把图纸给我？”多腿马请求道，然后接过图纸仔细看了起来，“是，年轻的灯灵灵小姐是对的，塔是倾斜的。”

“对，我是错的，塔是直的。”雯雯的语言赶不上她的想法，又发生了错乱的情况。

“真的，女士们，先生们，我们必须要把塔推倒。” 多腿马解释道。

“我可以推倒塔。”滋滋建议，还没有等到回复，自己就缩成一个球，用力向前滚，然后嘭的一声，塔碎成各种方块，小块的和更小块的。

很快，所有小生物又一起工作了。蚂蚁象搬着最重的方块，小不点儿们搬着那些轻一些的，小鼠猫搬着最轻的。菲菲把它们按照颜色摆放在一起，而滋滋则吸着方块间的垃圾。多腿马用起重机抬起最重的方块，而雯雯抬着轻一点儿的。就这样，夜晚的书柜旁，立了一座笔直的塔。灯灵灵满意地看着它，把最后一个方块放在塔顶上。所有小生物都对新建成的塔非常满意，甚至包括两只小鼠猫。这样，雯雯终于可以去诺诺家做客。她们相互拥抱，相互用鼻子亲吻，坐下来相互交流。这时，灯上传来敲门声。诺诺走去开门，看到所有小生物都沿着塔爬上来了——小鼠猫、多腿马、蚂蚁象、小不点儿、扶手椅美人、吸粉虫，还有其他你能想到的生物，甚至还有一些你想不到的。就这样，一群有趣的小生物开始了最疯狂的聚会。他们还是很小心，不敢太吵，这样就不会吵醒小小大人。而小小大人正在睡觉，做着关于奇怪小生物的梦。

完